Lehmanns FACTs!
Anatomie

Dr. med. Bernard C. Kolster
Markus M. Voll

unter Mitarbeit von
Helge Christian Johannssen

mit 69 Grafiken und 43 Tabellen

5. Auflage

5., unveränderte Auflage 2010

Anschrift der Autoren:
Dr. med. Bernard C. Kolster
Gabelsberger Straße 24
35037 Marburg

Markus M. Voll
Erzgießereistr. 40
80335 München

Hergestellt für Lehmanns Fachbuchhandlung

Gesamtherstellung: © KVM Dr. Kolster Produktions- und Verlags-GmbH, Marburg
Redaktion: Stefanie Engel, Marburg; Silke Jäger, Marburg; Sylvia Krause, Marburg
Satz und Layout: Stefanie Engel, Marburg; Silke Jäger, Marburg
Covergestaltung: Dr. Günter Körtner, Marburg
Grafiken: Markus M. Voll, München; Marius Nowak, Gießen
Druck: Drukarnia Dimograf, Bielsko-Biala

Printed in Poland
ISBN: 978-3-86541-377-2

Inhaltsverzeichnis

Tafeln

Anhang

Vorwort

FACTs! Anatomie bietet eine Zusammenfassung aller wichtigen anatomischen Fakten in einem handlichen Format.

Man könnte diese Stoffsammlung mit einem „Schweizer Taschenmesser" vergleichen. Wer weiß nicht die Vorteile dieser Multifunktionsinstrumente zu schätzen? FACTs! Anatomie ist das „Schweizer Taschenmesser" der Anatomie. Obwohl es weder Lehrbuch noch Atlas ersetzen kann, eignet es sich hervorragend, um Gelerntes zu rekapitulieren und Fakten schnell nachzuschlagen.

Die visuelle Grundidee lehnt sich an das Konzept der Straßenkarten an. Um Karten in Buchform zu bringen, bedient man sich so genannter Kartenschnitte. Auf diesen ist sowohl das Ganze als auch der Seitenverweis auf die detailliertere Darstellung zu sehen. So wird die Orientierung und damit die Benutzung optimiert.

Merkhilfen und Eselsbrücken helfen beim Lernen von komplexen und umfangreichen Themen. Durch die Berücksichtung klinischer Sachverhalte ist der Bezug zur Praxis hergestellt.

FACTs! Anatomie richtet sich als hilfreicher Begleiter an alle, die immer wieder die anatomischen Grundlagen und Zusammenhänge parat haben müssen: Medizinstudenten, Ärzte und benachbarte Berufsgruppen wie beispielsweise Physio- oder Ergotherapeuten.

Wir danken Helge Christian Johannssen für seine engagierte Mitarbeit und Dr. Ulrich Rausch für seine hilfreichen Hinweise. Besonderer Dank gilt dem KVM-Team: Ohne die engagierte Mitarbeit von Silke Jäger, Stefanie Engel und Sarah Monz wäre dieses Nachschlagewerk nicht in der Form realisierbar gewesen.

München, Marburg
April 2007

Markus M. Voll
Dr. med. Bernard C. Kolster

A

Die wichtigsten Arterien

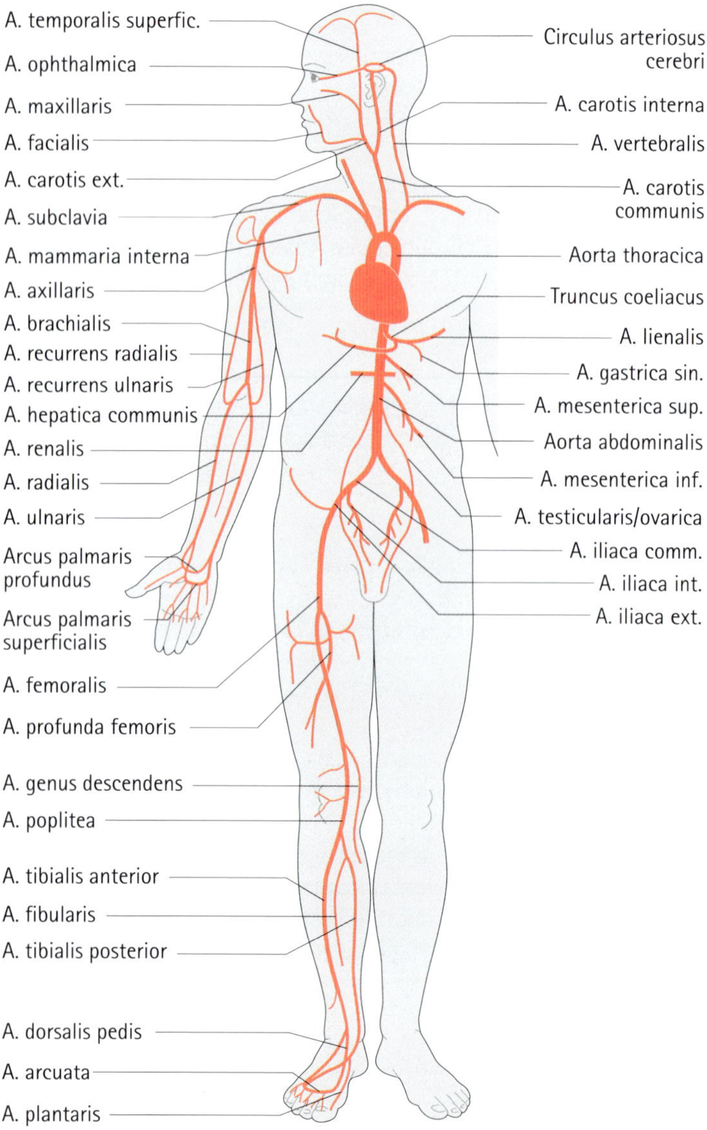

Die einzelnen Tafeln im Überblick

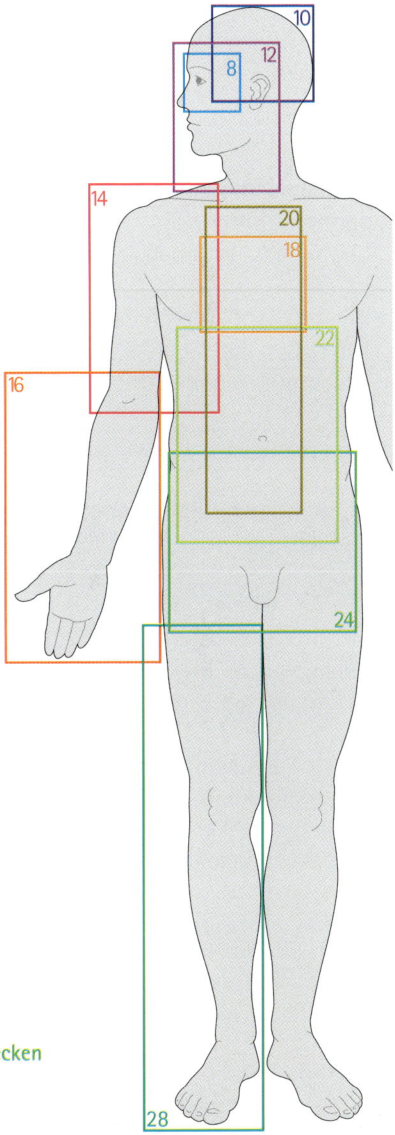

- Die **A. centralis retinae** verläuft vor Eintritt in den Bulbus ein Stück weit im Zentrum des N. opticus. Wird sie durch einen Embolus verlegt, führt dies zur Erblindung.

- Die **A. ophthalmica** gibt Äste zu Tränendrüse, Stirn, äußeren Augenmuskeln und zur Versorgung der Orbita (s. u.) ab, bevor sie in der A. supratrochlearis und in der A. dorsalis nasi endet.

- Die Sinnesfortsätze der Retina werden nicht von der A. centralis retinae, sondern durch das Pigmentepithel hindurch von den Gefäßen der Choroidea aus den Aa. ciliares posteriores breves versorgt.

- Die Netzhaut (Retina) des Auges wird von beiden Seiten mit Blut versorgt, von außen durch die Aa. ciliares (Pars caeca) und von innen durch Äste der A. centralis retinae (Pars optica).

- Die Irisgefäße stammen aus dem C. arteriosus iridis major und minor.

- Die **A. ethmoidalis anterior** versorgt auch den Sinus frontalis, die A. ethmoidalis posterior die hinteren Cellulae ethmoidales.

- Die **Aa. ciliares posteriores breves** ziehen zum Auge und bilden den Circulus arteriosus sclerae (Zinnii), wobei sie sich in kleinere Ästchen aufteilen, welche die Sklera durchstoßen. Die A. centralis retinae verbindet sich hinter der Lamina cribrosa über Seitenäste mit dem Circulus Zinii.

- Durch Spiegelung des Augenhintergrundes (Funduskopie, auch Ophthalmoskopie) können pathologische Veränderungen der Blutgefäße der Retina festgestellt werden. Durch dieses Verfahren werden Retina, Choroidea, retinales Pigmentepithel, Discus nervi optici und Macula lutea beurteilt.

Versorgungsgebiete der Ziliararterien

- Aa. ciliares anteriores → episklerales Gewebe und Konjunktiva
- Aa. ciliares posteriores breves → Pars caeca retinae
- Aa. ciliares posteriores longae → Corpus ciliare und Iris

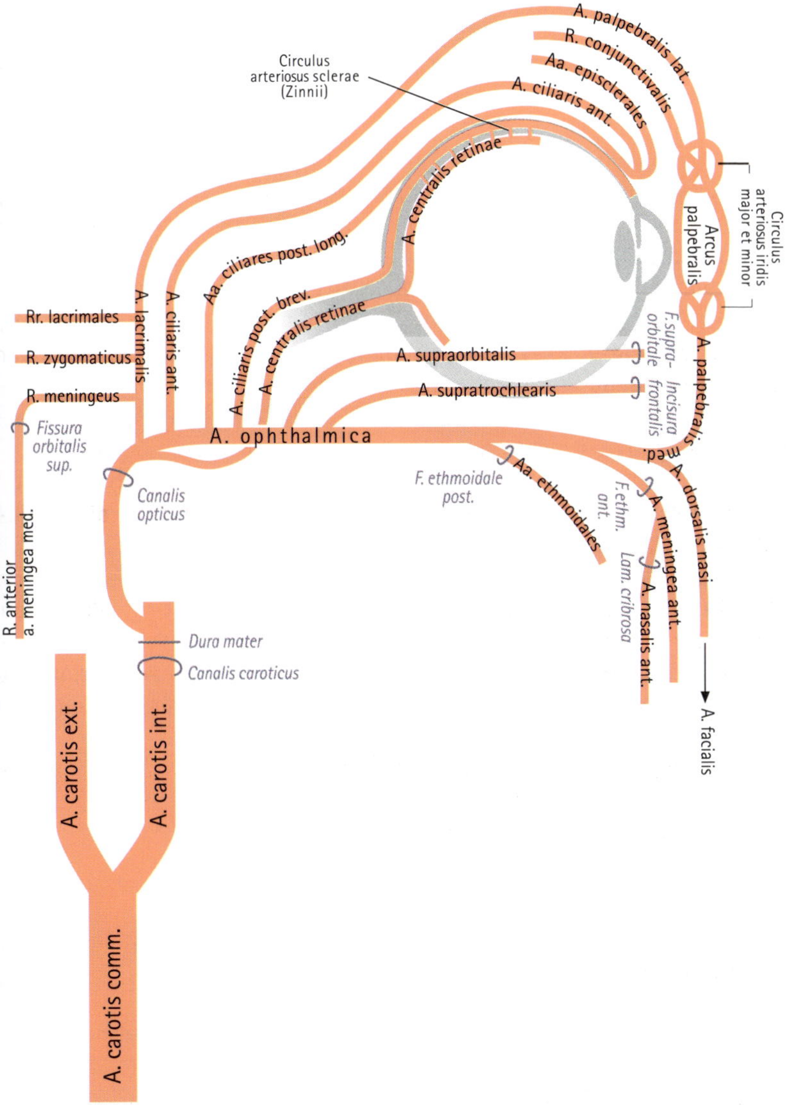
A. palpebralis lat.
R. conjunctivalis
Aa. episclerales
A. ciliaris ant.
Circulus arteriosus sclerae (Zinnii)
A. centralis retinae
Circulus arteriosus iridis major et minor
Arcus palpebralis
Aa. ciliares post. long.
A. ciliaris post. brev.
A. centralis retinae
Rr. lacrimales
R. zygomaticus
R. meningeus
A. lacrimalis
A. ciliaris ant.
A. supraorbitalis
F. supra-orbitale
A. supratrochlearis
Incisura frontalis
A. palpebralis med.
Fissura orbitalis sup.
A. ophthalmica
Canalis opticus
F. ethmoidale post.
Aa. ethmoidales
F. ethm. ant.
A. meningea ant.
A. dorsalis nasi
Lam. cribrosa
A. nasalis ant.
A. facialis
R. anterior a. meningea med.
Dura mater
Canalis caroticus
A. carotis ext.
A. carotis int.
A. carotis comm.

A

- Das klassische Erscheinungsbild des Schlaganfalls mit Halbseitenlähmung ist oft auf eine Schädigung der A. centralis longa zurückzuführen, da diese den Bereich der Capsula interna versorgt.

- Die aus der A. vertebralis entspringenden **Aa. spinales** versorgen das Rückenmark bis in den oberen Bereich des Halsmarks hinein.

- Das Innenohr (Gleichgewichts- und Hörorgan) wird ausschließlich von der **A. labyrinthi** aus der A. basilaris versorgt.

- Bei der proximalen Stenose der **A. subclavia** mit Strömungsumkehr in der ipsilateralen A. vertebralis kann es zu einer Blutversorgung des Arms von der gegenseitigen A. vertebralis her oder von der A. carotis interna via Circulus arteriosus cerebri kommen („subclavian-steal-Syndrom"). Tritt dies auf, so wird das Gehirn bei starker Beanspruchung der Armmuskeln minderversorgt und es kann u. a. zu Bewusstlosigkeit kommen.

- Kommt es zum plötzlichen Verschluss einer Arterie (z. B. Embolie), kann der Ausfall oft nicht kompensiert werden, da die Anastomosen des Circulus arteriosus cerebri (Willisii) zu schwach und die Aa. communicans posterior inkonstant sind. Besonders häufig sind die A. cerebri media und deren Äste betroffen.

- Ein Verschluss der **A. inferior anterior cerebelli** und der **A. inferior posterior** cerebelli führt zu Ausfällen in den Bereichen Pons, Medulla und Kleinhirn.

Arterielle Versorgung wichtiger Hirnstrukturen

- A. cerebri media → Teile von Frontal- und Temporallappen
- A. cerebri anterior → Frontallappen
- A. ophthalmica → Strukturen der Orbita, äußere Augenmuskeln
- A. hypophysialis superior → Hypophyse
- A. choroidea anterior → Limbisches System, Globus pallidus, Capsula interna
- A. communicans posterior, (A. cerebri posterior) → Teile von Temporal- und Okzipitallappen

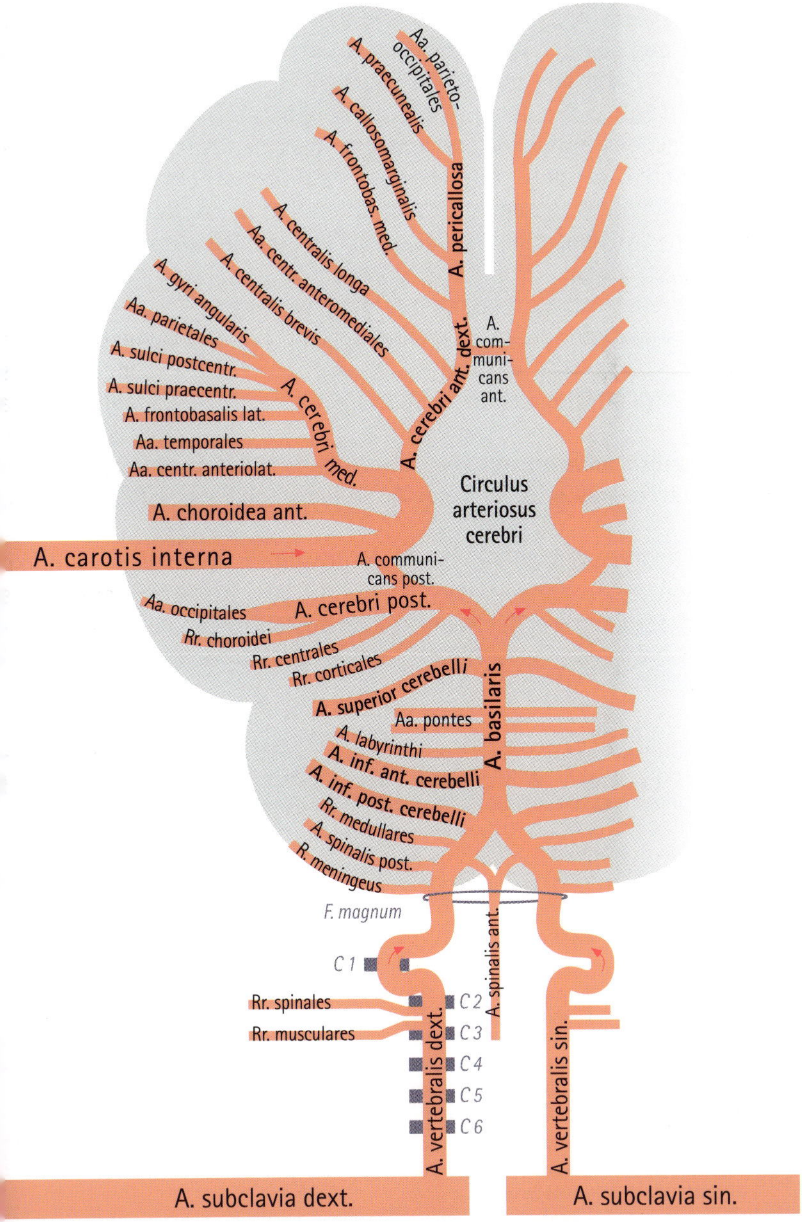
Aa. parieto-occipitales
A. praecunealis
A. callosomarginalis
A. frontobas. med.
A. pericallosa
A. centralis longa
Aa. centr. anteromediales
A. centralis brevis
A. gyri angularis
Aa. parietales
A. sulci postcentr.
A. sulci praecentr.
A. frontobasalis lat.
Aa. temporales
Aa. centr. anteriolat.
A. cerebri med.
A. cerebri ant. dext.
A. communicans ant.
Circulus arteriosus cerebri
A. choroidea ant.
A. carotis interna
A. communicans post.
Aa. occipitales
A. cerebri post.
Rr. choroidei
Rr. centrales
Rr. corticales
A. superior cerebelli
A. basilaris
Aa. pontes
A. labyrinthi
A. inf. ant. cerebelli
A. inf. post. cerebelli
Rr. medullares
A. spinalis post.
R. meningeus
F. magnum
A. spinalis ant.
C 1
C 2
C 3
C 4
C 5
C 6
Rr. spinales
Rr. musculares
A. vertebralis dext.
A. vertebralis sin.
A. subclavia dext.
A. subclavia sin.

A

- Die **A. angularis** anastomisiert über die A. dorsalis nasi mit der A. ophthalmica und so auch indirekt mit dem Circulus arteriosus cerebri. De Blutstrom erfolgt aus der Orbita ins Gesicht hinein. Eine Umkehr de Blutflussrichtung aus dem Gesicht zur A. ophthalmica, spricht für einer unzureichenden Perfusionsdruck im Circulus arteriosus cerebri.

- Epiduralblutungen werden oft durch einen Riss der **A. meningea medi** verursacht. Diese wird häufig bei seitlichen Schädelfrakturen verletzt.

- Das Mittelohr wird aus folgenden Arterien versorgt:
  A. tympanica superior aus der A. meningea media (Sulcus nervi petros minoris)
  A. tympanica inferior aus der A. pharyngea ascendens (Canaliculus tympanicus)
  A. tympanica anterior aus der A. maxillaris (Fissura petrotympanica)
  A. tympanica posterior aus der A. stylomastoidea (Fissura petrotympanica)
  Aa. caroticotympanicae aus der A. carotis interna (Canaliculi caroticotympanici)
  A. stylomastoidea aus der A. auricularis posterior (Canalis facialis)

Äste der A. carotis externa

A. **th**yroidea superior, A. **lingu**alis, A. **facia**lis, A. **pha**ryngea ascendens, R. **st**ernocleidomastoideus, A. **occ**ipitalis, A. **au**ricularis posterior, A. **t**emporalis superficialis, A. **m**axillaris	**Th**eo **Ling**en **fa**briziert **pha**ntastisch **st**arke **Ochs**enschwanzsuppe **aus** **t**oten **M**äusen.

Abgänge der A. maxillaris

gesamt: A. **au**ricularis profunda, A. **ty**mpanica anterior, A. **m**eningea **media**, A. **al**veolaris inferior, A. **ma**sseterica posterior, A. **ma**sseterica anterior, A. **b**uccalis, Aa. **temp**orales profundae, A. **pa**latina descendens, A. **alveolaris superi**or posterior, A. infraorbitalis, A. **sp**henopalatina	**Au**ch der **ty**pisch müde **M**ensch **Alf** **ma**g's **ma**nchmal **b**esonders **temp**eramentvoll. **Pa**sta-Fan **Super-Alf** isst **Sp**aghetti.
retromandibulärer Abschnitt: A. meningea media, A. alveolaris inferior, A. tympanica anterior, A. auricularis profunda	**M** **ALT** → Malta **A**

R. frontalis
R. parietalis
A. temporalis media
A. zygomaticoorbitalis
A. transversa faciei
R. frontalis
R. parietalis
Rr. parotidei
Rr. auriculares ant.
R. occipitalis
A. ophthalmica
A. temporalis superf.
A. tympanica sup.
R. petrosus
C. pterygo-
ideus
A. canalis
pterygoideus
A. dorsalis nasi
Aa. nasal. post.
A. sphenopalatina
F. spheno-
palatinum
A. maxillaris
Aa. temp. prof.
Aa. massetericae
A. meningea med.
F. spinosum
A. tympanica ant.
A. auricularis prof.
A. stylomastoidea
A. tympanica post.
Rr. auriculares
Rr. occipitales
F. infra-
orbitale
A. angularis
A. nasopalatina
Aa. alv. ant.
Rr. orbitales
A. infra-
orbitalis
A. palatina
desc.
F. orbi-
talis
inf.
A. alv. sup. post.
Rr. pterygoidei
A. buccalis
Fs. petro-
tympanica
A. auricularis post.
Rr. mastoideus
F. mastoideum
Rr. musculares
R. descendens
R. auricularis
A. occipitalis
C. mandibulare
A. palat. maj.
Aa. palat. min.
C. palatinus
major
Cc. palatini
minores
A. labialis sup.
A. labialis inf.
A. alveolaris inf.
R. mylohyoideus
A. palatina asc.
R. tonsillaris
Rr. glandulares
A. carotis externa
Rr. sternocleidomastoidei
A. tympanica inf.
A. meningea post.
A. pharyngea asc.
Rr. pharyngei
Dura
mater
A. carotis interna
Canalis
caroticus
F. mentale
A. mentalis
A. facialis
A. submentalis
Rr. dorsales ling.
A. profunda linguae
A. lingualis
A. sublingualis
R. suprahyoideus
R. infrahyoideus
A. thyreoidea sup.
A. laryngea sup.
R. cricothyroideus
R. sternocleidomastoideus
Sinus
carotis
Gl. thyreoidea
Rr. glandulares
Rr. glandulares
Rr. pharyngei
Rr. oesophagei
Rr. tracheales
Rr. spinales
Rr. musculares
A. cervicalis asc.
A. laryn. inf.
A. thyroid. inf.
R. sternocleidomastoideus
A. vertebralis
C4
C5
C6
A. carotis comm.
A. thyroidea ima
A. suprascapularis
R. superficialis
R. profundus
A. transversa colli
Tr. thyro-
cervicalis
A. subclavia dext.
Tr. brachio-
cephalicus
Arcus aortae

A

- Die **A. thyroidea inferior** durchkreuzt das Spatium parapharyngeum dorsal der A. carotis communis.

- Der R. profundus der A. transversa colli (cervicis) wird auch als **A. dorsalis scapulae** bezeichnet und geht bei ca. 70 % der Menschen direkt aus der A. subclavia ab.

- Die **A. subclavia** kann dort, wo sie zwischen der Klavikula und der ersten Rippe verläuft, durch kräftigen Zug am Arm nach dorsal, medial und kaudal abgeklemmt werden.

- Die arterielle Versorgung der Brustwand erfolgt aus folgenden Gefäßen:
  Rr. mammarii mediales aus der A. thoracica interna via Rr. perforantes,
  Rr. mammarii laterales aus der A. thoracica lateralis,
  Rr. mammarii laterales der dorsalen Interkostalarterien 2–5.

- Bei Brüchen des Humerus können Arterien verletzt werden. Die Aa. circumflexae humeri sind bei einem Bruch am Collum chirurgicum, die A. profunda brachii und ihre Äste bei einem Bruch im mittleren Drittel des Humerus gefährdet.

- Eine starke Blutung am distalen Ende der oberen Extremität kann durch Druck auf den Humerus im Bereich des Sulcus bicipitalis medialis gemindert werden, wodurch es zum Blutstau in der A. brachialis kommt. Im klinischen Alltag wird die Kompression direkt auf die Wunde ausgeübt.

Hauptäste der A. subclavia

A. **v**ertebralis, A. **t**horacica **i**nterna, **T**runcus **t**hyro**c**ervicalis, **T**runcus **cost**o**c**ervicalis [Variante: A. transversa colli]	**V**oller **T**emperament **i**st **T**ina **T**urner, **c**hronisch **tr**äumerisch **Cost**a **C**ordalis.

Abgänge der A. axillaris

A. thoracica **superior**, A. thoraco-**acromialis**, A. thoracica **lateralis**, A. **subscapularis**, A. **circumflexa humeri anterior**, A. circumflexa humeri **posterior**, A. profunda brachii	Ganz **oben** am **Akromion**, **seitlich** und am **Rücken** **umgreift** sie den **Humerus** von **vorn** und von **hinten**.

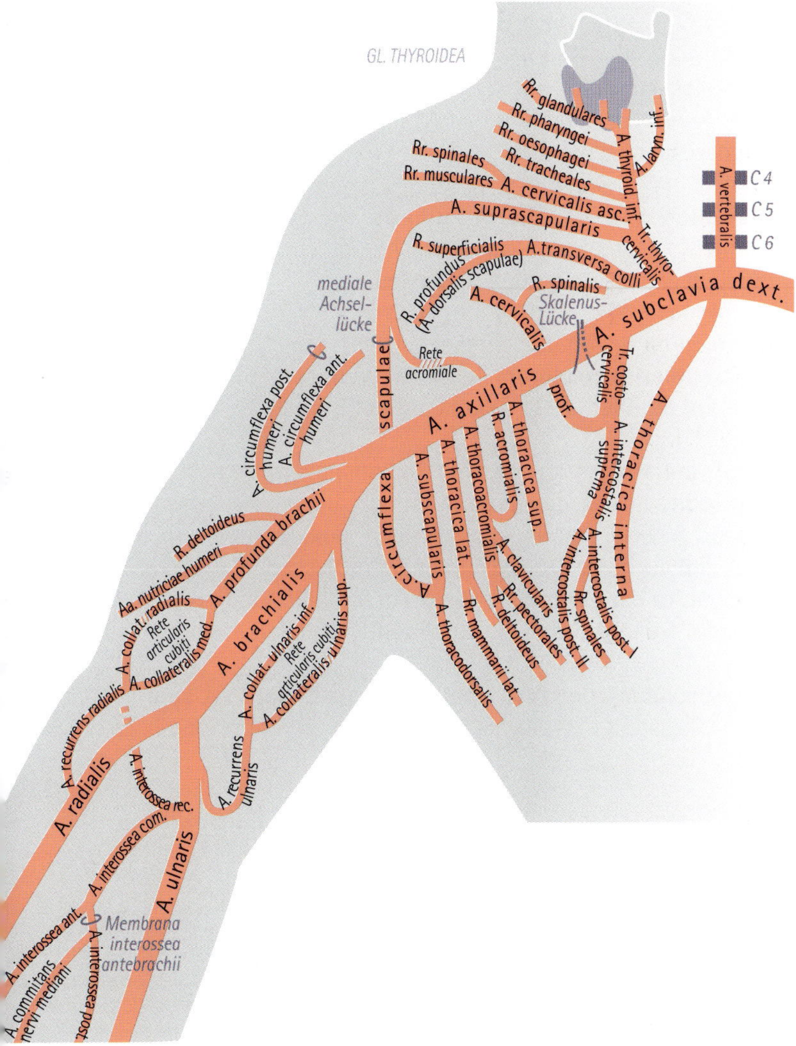
GL. THYROIDEA
Rr. glandulares
Rr. pharyngei
Rr. oesophagei
Rr. tracheales
A. thyroid. inf.
A. laryn. inf.
A. vertebralis
C4
C5
C6
Rr. spinales
Rr. musculares
A. cervicalis asc.
A. suprascapularis
Tr. thyro-cervicalis
R. superficialis
A.transversa colli
R. profundus (A. dorsalis scapulae)
R. spinalis
A. subclavia dext.
mediale Achsel-lücke
A. cervicalis prof.
Skalenus-Lücke
Rete acromiale
Tr. costo-cervicalis
A. axillaris
A. thoracica interna
A. circumflexa post. humeri
A. circumflexa ant. humeri
A. circumflexa scapulae
A. thoracica sup.
R. acromialis
A. thoracoacromialis
A. thoracica lat.
A. subscapularis
A. intercostalis suprema
A. intercostalis post. I
A. intercostalis post. II
Rr. spinales
A. clavicularis
Rr. pectorales
R. deltoideus
Rr. mammarii lat.
A. thoracodorsalis
R. deltoideus
Aa. nutriciae humeri
A. profunda brachii
A. collat. radialis
Rete articularis cubiti
A. collateralis med.
A. brachialis
A. collat. ulnaris inf.
Rete articularis cubiti
A. collateralis ulnaris sup.
A. recurrens radialis
A. recurrens ulnaris
A. radialis
A. interossea rec.
A. interossea com.
A. ulnaris
Membrana interossea antebrachii
A. interossea ant.
A. interossea post.
A. commitans nervi mediani

A

- An den stark beweglichen Abschnitten der oberen Extremität sorge arterielle Anastomosen dafür, dass das Blut auch dann das Zielgeweb erreicht, wenn einzelne Arterien durch Extremstellungen abgeschnür werden. Solche Umgehungskreisläufe bestehen vor allem an de Schulter, wo das Blut aus der A. suprascapularis über die A. circumflex scapulae und die A. subscapularis in die A. brachialis fließen kann, an Ellbogen in Form des Rete cubiti und in der Hohlhand durch den Arcu palmares.

- Bisweilen verläuft die **A. ulnaris** im Ellbogen oberflächlich zu Aponeurosis musculi bicipitis brachii und kann dann mit der V. median cubiti verwechselt werden (Pulse tasten!).

- Die A. ulnaris verläuft gemeinsam mit dem N. ulnaris zwischen den Retinaculum musculorum flexorum darunter und dem Ligamentum carp palmare darüber in der so genannten Guyonschen Loge zur Hohlhand.

- Die **A. radialis** gelangt aus der Radialispulsgrube zwischen Radius un der Sehne des M. flexor carpi radialis unter den Sehnen der Mm. ab ductor pollicis longus und extensor pollicis brevis in die Tabatière Dort gibt sie kurze Äste zum Kahnbein (Os scaphoideum) ab und verläuf dann unter der Sehne des M. extensor pollicis longus auf dem M. inte rosseus dorsalis 1, den sie durchbohrt, um in die Hohlhand zu kommen

- Die Ausbildung des **Arcus palmaris superficialis** ist sehr variabel. De hier dargestellte „typische" Hohlhandbogen findet sich in ca. 25 % de Fälle.

URSPRÜNGE DER ARTERIENBÖGEN DER HAND

- Arcus palmaris **su**perficalis aus A. **u**lnaris;
- Arcus palmaris **pr**ofundus aus A. **r**adialis

Der zweite Buchstabe der Bezeichnung des Bogens entspricht dem ersten Buchstaben der Ursprungsarterie.

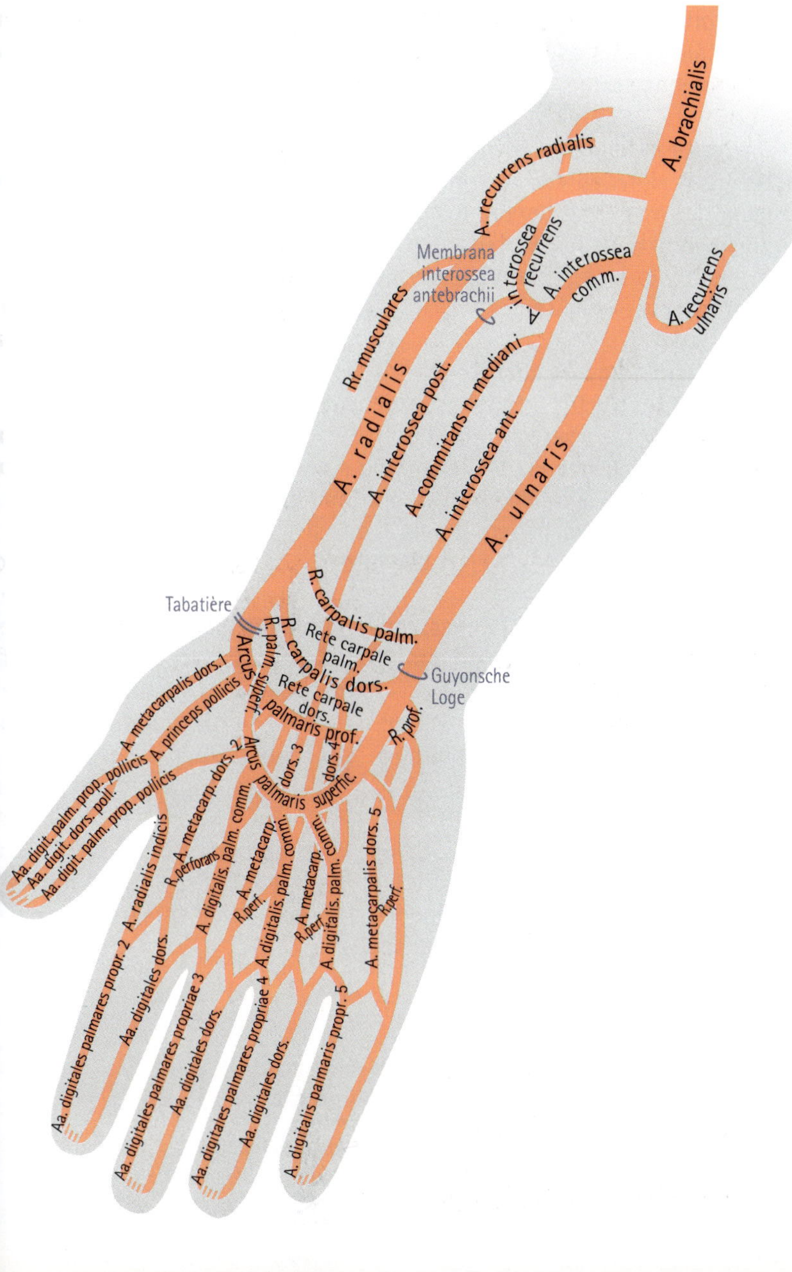
A. brachialis
A. recurrens radialis
A. interossea recurrens
Membrana interossea antebrachii
A. interossea comm.
A. recurrens ulnaris
Rr. musculares
A. radialis
A. interossea post.
A. commitans n. mediani
A. interossea ant.
A. ulnaris
R. carpalis palm.
Tabatière
Rete carpale palm.
R. carpalis dors.
Guyonsche Loge
R. palm. superf.
Arcus
Rete carpale dors.
Arcus palmaris prof.
R. prof.
A. metacarpalis dors. 1
A. princeps pollicis
Aa. digit. palm. prop. pollicis
Aa. digit. dors. poll.
Aa. digit. palm. prop. pollicis
A. metacarp. dors. 2
dors. 3
dors. 4
Arcus palmaris superfic.
A. radialis indicis
R. perforans
A. digitalis. palm. comm.
A. metacarp.
R. perf.
A. digitalis. palm. comm.
A. metacarp.
R. perf.
A. digitalis. palm. comm.
A. metacarpalis dors. 5
R. perf.
A. metacarpalis
Aa. digitales palmares propr. 2
Aa. digitales dors.
Aa. digitales palmares propriae 3
Aa. digitales dors.
Aa. digitales palmares propriae 4
Aa. digitales dors.
A. digitalis palmaris propr. 5

A

- Die **Aorta** gliedert sich oberhalb des Diaphragmas in drei verschiedene Abschnitte: Pars ascendens aortae, Arcus aortae und Pars thoracica descendens aortae.

- Die **Aorta ascendens** entspringt dem linken Ventrikel und verläuft innerhalb des Herzbeutels. Aus ihr gehen die Herzkranzgefäße zur Versorgung des Myokards hervor: A. coronaria dextra und sinistra. Das Lumen dieser funktionellen Endarterien ist bei Angina pectoris oder akutem Myokardinfarkt aufgrund arteriosklerotischer Ablagerungen teilweise oder ganz verschlossen.

- Als **Aortenisthmus** (Isthmus = griech.: Enge) bezeichnet man das Gebiet oberhalb des Ductus arteriosus, in dem der Aortenbogen in die Pars descendens aortae übergeht. An dieser Stelle liegt während der Fetalzeit eine physiologische Engstelle vor, die dafür sorgt, dass das sauerstoffreiche Blut aus dem linken Herzen primär der Entwicklung des Kopfes zugute kommt. Nach der Geburt kann sich aus bisher unbekannten Gründen dort erneut eine Engstelle bilden.

- Im Falle einer Aortenisthmusstenose kann die Engstelle durch eine Anastomosenerweiterung auf der linken Seite zwischen der A. thoracica interna – A. intercostalis anterior – A. intercostalis posterior umflossen werden, wobei der Puls zumeist an der seitlichen Thoraxwand tastbar wird und die Rippen wellenförmige Knochenerosionen, so genannte Usuren, zeigen können.

- Typisch für die Aortenisthmusstenose ist ein erhöhter Blutdruck in der oberen Körperhälfte bei erniedrigtem Blutdruck in der unteren Körperhälfte. Dieses Symptom kann jedoch nur gering ausgeprägt sein, wenn sich ausreichende Kollateralen ausbilden.

ABGÄNGE DER AORTA OBERHALB DES ZWERCHFELLS

Koronargefäße, **Tr**uncus brachiocephalicus, A. **carot**is communis sinistra, A. **su**bclavia sinistra, Aa. **b**ronchiales, Aa. **in**ter**cost**ales, Aa. **phre**nicae superiores	**Kor**a **tr**inkt **Karot**ten**su**ppe, **b**esonders **in** der **köst**lichen **Fre**izeit.

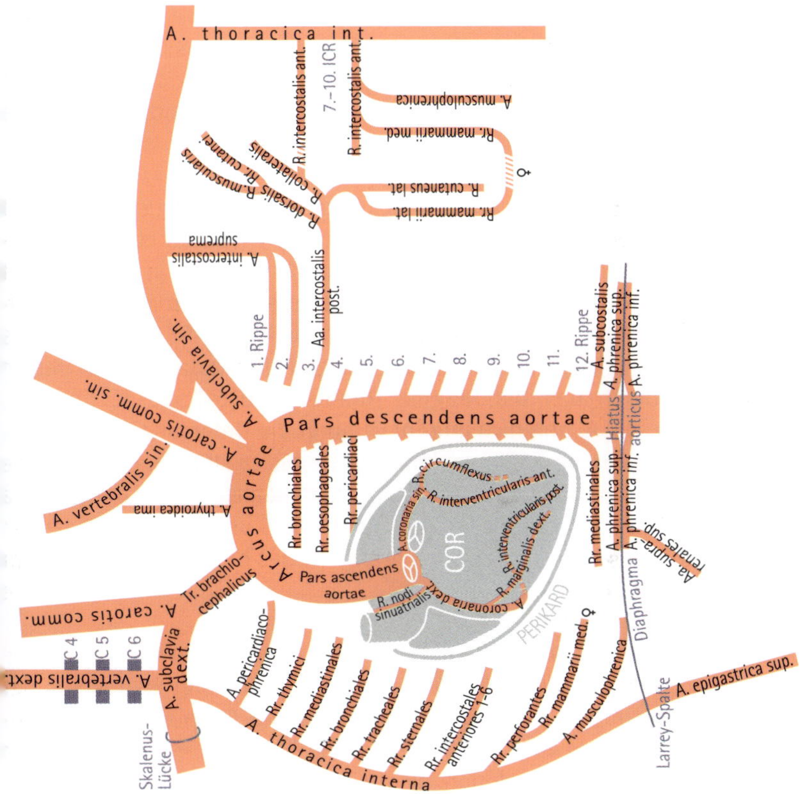
A. thoracica int.
R. intercostalis ant.
7.–10. ICR
R. intercostalis ant.
A. musculophrenica
Rr. mammarii med.
R. cutaneus lat.
Rr. mammarii lat.
R. collateralis
R. dorsalis
R. muscularis
Rr. cutanei
A. intercostalis suprema
Aa. intercostalis post.
1. Rippe
12. Rippe
A. subcostalis
A. phrenica sup.
A. phrenica inf.
Hiatus aorticus
Pars descendens aortae
A. subclavia sin.
A. carotis comm. sin.
A. vertebralis sin.
A. thyroidea ima
Arcus aortae
Rr. bronchiales
Rr. oesophageales
Rr. pericardiaci
R. circumflexus
R. interventricularis ant.
A. coronaria sin.
COR
R. interventricularis post.
R. marginalis dext.
A. coronaria dext.
R. nodi sinuatrialis
PERIKARD
Pars ascendens aortae
Tr. brachiocephalicus
A. carotis comm.
A. subclavia dext.
A. vertebralis dext.
C 4
C 5
C 6
Skalenus-Lücke
Rr. mediastinales
A. phrenica sup.
A. phrenica inf.
Aa. supra-renales sup.
Diaphragma
A. pericardiaco-phrenica
Rr. thymici
Rr. mediastinales
Rr. bronchiales
Rr. tracheales
Rr. sternales
Rr. intercostales anteriores 1–6
Rr. perforantes
Rr. mammarii med.
A. musculophrenica
A. epigastrica sup.
Larrey-Spalte
A. thoracica interna

A

- Die **Aorta** gliedert sich in insgesamt vier verschiedene Abschnitte: Aorta ascendens aortae, Arcus aortae, Aorta thoracica (=Pars descendens aortae) und Aorta abdominalis.

- Aus dem **Aortenbogen** gehen drei Gefäßstämme ab: Der Truncus brachiocephalicus auf der rechten Körperseite und links die A. carotis communis sinistra und die A. subclavia sinistra. Der Truncus brachiocephalicus spaltet sich nach Austritt aus dem Aortenbogen in A. carotis communis dextra und A. subclavia dextra auf. Die Arteria thyroidea ima ist ein nur inkonstant vorhandenes Gefäß.

- Aus dem thorakalen Anteil der Aorta gehen sowohl paarige parietale als auch unpaarige viszerale Äste hervor. Die Aa. intercostales posteriores 3–11 entspringen zu beiden Seiten und anastomosieren in ihrem weiteren Verlauf mit den vorderen Interkostalarterien. Die an der Unterseite der zwölften Rippe verlaufende Interkostalarterie heißt A. subcostalis. Zur Versorgung des oberen Zwerchfells gibt die Aorta kurz vor ihrem Durchtritt durch das Diaphragma (Hiatus aorticus) die A. phrenica superior ab. Die A. phrenica inferior versorgt die Unterseite des Zwerchfells. Die unpaarigen Abgänge der Aorta thoracica sind die Rr. bronchiales (Vasa privata der Lunge), die Rr. oesophageales, die Rr. pericardiaci zur Versorgung der Hinterwand des Herzbeutels und die Rr. mediastinales, welche die Lymphknoten und die Organe des hinteren Mediastinums versorgen.

- Die **Aorta abdominalis** gibt Äste zu den Baucheingeweiden ab. Der Truncus coeliacus (Tripus halleri) spaltet sich in drei Hauptäste auf (A. gastrica sinistra, A. hepatica communis und A. splenica [lienalis]), welche wiederum jeweils Äste abgeben. Die A. mesenterica superior versorgt den Darm vom Duodenum bis zur linken Kolonflexur, die A. mesenterica inferior führt Blut zum restlichen Dickdarm, Sigmoid und Rektum. Die paarigen Äste ziehen zu den paarig vorhandenen Bauchorganen (Nebennieren, Nieren, Keimdrüsen) und zur hinteren Bauchwand: A. suprarenalis media, A. renalis, A. testicularis bzw. ovarica, Aa. lumbales. Die Bauchaorta teilt sich in etwa 75 % der Fälle auf Höhe von L4 in die Beckenarterien auf. Von dort aus verläuft die A. sacralis mediana als Fortsetzung des Aortenstamms und endet im Glomus coccygeum.

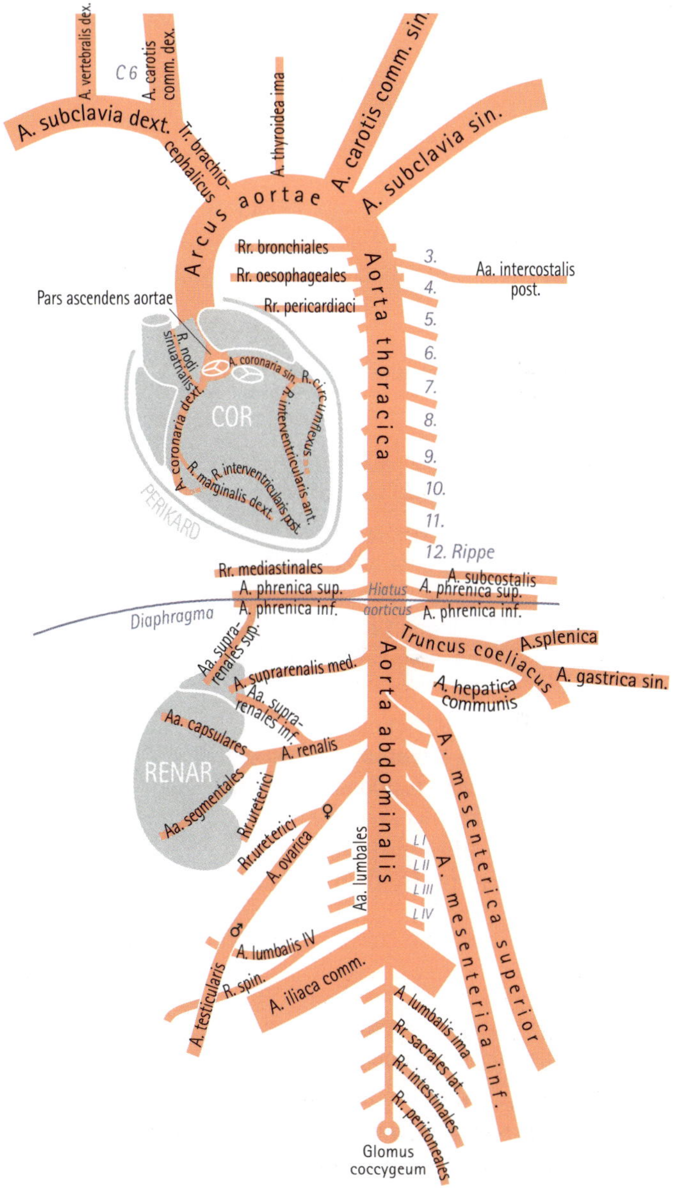
A. vertebralis dex.
A. carotis comm. dex.
C6
A. thyroidea ima
A. carotis comm. sin.
A. subclavia dext.
Tr. brachio-cephalicus
A. subclavia sin.
Arcus aortae
Rr. bronchiales
Rr. oesophageales
Rr. pericardiaci
Pars ascendens aortae
Aorta thoracica
Aa. intercostalis post.
3.
4.
5.
6.
7.
8.
9.
10.
11.
12. Rippe
R. nodi sinuatrialis
A. coronaria sin.
R. circumflexus
R. interventricularis ant.
COR
A. coronaria dext.
R. interventricularis post.
R. marginalis dext.
PERIKARD
Rr. mediastinales
A. subcostalis
A. phrenica sup.
A. phrenica sup.
Hiatus aorticus
A. phrenica inf.
A. phrenica inf.
Diaphragma
Aa. suprarenales sup.
Truncus coeliacus
A. splenica
A. gastrica sin.
A. hepatica communis
A. suprarenalis med.
Aa. suprarenales inf.
Aorta abdominalis
Aa. capsulares
A. renalis
RENAR
Aa. segmentales
Rr. ureterici
Rr. ureterici
A. ovarica
♀
A. mesenterica superior
A. mesenterica inf.
L I
L II
L III
L IV
Aa. lumbales
♂
A. lumbalis IV
R. spin.
A. iliaca comm.
A. testicularis
A. lumbalis ima
Rr. sacrales lat.
Rr. intestinales
Rr. peritoneales
Glomus coccygeum

- Die arterielle Versorgung der Nebennieren ist sehr variabel.

- Die Niere kann durch zusätzliche, so genannte obere und untere Polgefäße versorgt sein. Ebenso kann eine doppelt angelegte Nierenarterie vorkommen.

- Die **Aa. rectales superior et media** verlaufen oberhalb des Diaphragma pelvis und versorgen die Schleimhaut von Anus und Rektum. Die A. rectalis inferior verläuft unterhalb des Diaphragma pelvis und versorgt den M. sphincter ani externus.

- Der Blutfluss der **A. appendicularis** muss bei einer Appendektomie unterbunden werden.

- Der Lobus caudatus der Leber wird meist von der **A. hepatica sinistra** versorgt. Damit ist die Blutversorgung dieses Leberabschnittes auch bei einer bereits fortgeschrittenen Schädigung des Gewebes meist gewährleistet. Oft ist ein kompensatorisches Wachstum zu beobachten.

- Die **A. ovarica** bildet sich mit abnehmender Funktion der Ovarien im Alter stark zurück.

- In der gefältelten Analschleimhaut befindet sich ein arteriovenöser Gefäßknoten (**Corpus cavernosum recti**), der zusätzlich zu den beiden Schließmuskeln dem Verschluss des Analkanals dient, indem bei Kontraktion der Sphinkter der venöse Abfluss des Plexus vermindert ist und die Schleimhaut in diesem Bereich anschwillt. Wölbt sich der Plexus krankhaft vor (Hämorrhoiden), kann es leicht zu Blutungen kommen.

Paarige und unpaarige Organe im Abdomen

Die Organe im Abdomen werden in unpaarige und paarige Organe unterteilt. Bei den unpaarigen unterscheidet man intraperitoneal gelegene (Magen, Leber, Gallenblase, Milz, Pars superior des Duodenum, Jejunum, Ileum, Colon transversum et sigmoideum) von sekundär retroperitoneal gelegenen (Pankreas, Pars ascendens et descendens des Duodenum, Colon ascendens et descendens).
Die paarigen Organe sind immer retroperitoneal gelegen (Nieren, Nebennieren).

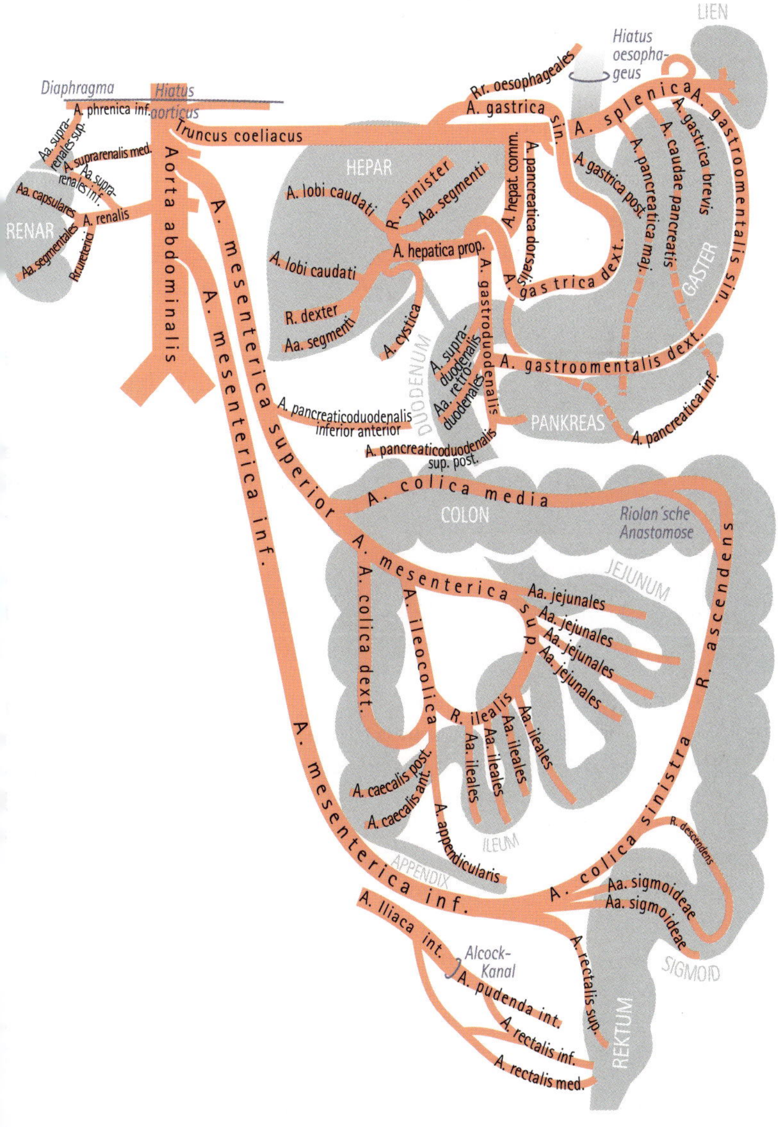
Diaphragma
Hiatus aorticus
Hiatus oesophageus
LIEN
A. phrenica inf.
Aa. suprarenales sup.
A. suprarenalis med.
Aa. suprarenales inf.
Aa. capsulares
RENAR
Aa. segmentales
R. ureterici
A. renalis
Truncus coeliacus
Aorta abdominalis
Rr. oesophageales
A. gastrica sin.
A. splenica
A. gastroomentalis sin.
A. gastrica brevis
A. caudae pancreatis
A. pancreatica mai.
A. gastrica post.
A. hepat. comm.
A. pancreatica dorsalis
HEPAR
A. lobi caudati
R. sinister
Aa. segmenti
A. hepatica prop.
A. lobi caudati
R. dexter
Aa. segmenti
A. cystica
A. gastrica dext.
A. gastroduodenalis
GASTER
DUODENUM
A. supraduodenalis
Aa. retroduodenales
A. gastroomentalis dext.
PANKREAS
A. pancreatica inf.
A. pancreaticoduodenalis inferior anterior
A. pancreaticoduodenalis sup. post.
A. mesenterica superior
A. mesenterica inf.
A. colica media
COLON
Riolan'sche Anastomose
R. ascendens
JEJUNUM
A. mesenterica sup.
Aa. jejunales
Aa. jejunales
Aa. jejunales
Aa. jejunales
A. colica dext.
A. ileocolica
R. ilealis
Aa. ileales
Aa. ileales
Aa. ileales
Aa. ileales
A. caecalis post.
A. caecalis ant.
A. appendicularis
ILEUM
APPENDIX
A. colica sinistra
R. descendens
Aa. sigmoideae
Aa. sigmoideae
SIGMOID
A. mesenterica inf.
A. Iliaca int.
Alcock-Kanal
A. pudenda int.
A. rectalis sup.
A. rectalis inf.
A. rectalis med.
REKTUM

- Die **Aorta abdominalis** teilt sich in die Aa. iliaca communes. Diese spaltet sich jeweils vor der Articulatio sacroiliaca beidseitig in die A. iliaca externa und A. iliaca interna auf.

- Die **A. iliaca externa** läuft unterhalb des Leistenbandes durch die Lacuna vasorum und wird zur A. femoralis, welche die untere Extremität speist. Aus der A. iliaca externa entspringt vor deren Durchtritt durch die Lakune die A. epigastrica inferior, die die Bauchwand versorgt. Sie gibt beim Mann die A. cremasterica zum Samenstrang sowie einen R. obturatorius ab, der mit dem R. pubicus der A. obturatoria anastomosiert.

- Als **Corona mortis** bezeichnet man die Verbindung der A. obturatoria mit der A. epigastrica inferior, die oft eine Anastomose über ihre Rr. pubici bilden. Jene liegt von innen unmittelbar auf dem oberen Schambeinast und kann bei Repositionsversuchen oder Operationen einer Schenkelhernie leicht verletzt werden. Für die betroffenen Patienten besteht Gefahr, an dem resultierenden Blutverlust zu sterben.

- Die **A. iliaca interna** zieht entlang der Articulatio sacroiliaca ins Becken und gibt mehrere **parietale Äste** und **viszerale Äste** ab.

Parietale Äste
- **Aa. sacrales laterales** (gelegentlich aus der A. glutea superior): ziehen zu den Foramina sacralia pelvina und zum Sakralkanal.
- **A. glutea superior**: verlässt das Becken über den oberen Teil des Foramen ischiadicum majus und versorgt mit ihren Ästen die Glutealmuskulatur (R. superficialis und R. profundus).
- **A. glutea inferior**: zieht durch den unteren Teil des Foramen ischiadicum majus zu Teilen des M. gluteus maximus sowie den kleinen Hüftmuskeln.
- **A. pudenda interna**: zieht durch das Foramen infrapiriforme aus dem Becken heraus, durch das Foramen ischiadicum minus wieder hinein und anschließend durch den Canalis pudendalis (Alcock-Kanal) zur Regio urogenitalis. Über die Äste der A. pudenda interna werden beim Mann die Schichten des Penis, Teile von Skrotum und Urethra sowie das Perineum versorgt.
- **A. obturatoria**: verlässt das kleine Becken über den Canalis obturatorius und versorgt den M. obturatorius internus und den M. iliopsoas.
- **A. iliolumbalis:** verläuft hinter A. iliaca interna in die Fossa iliaca.

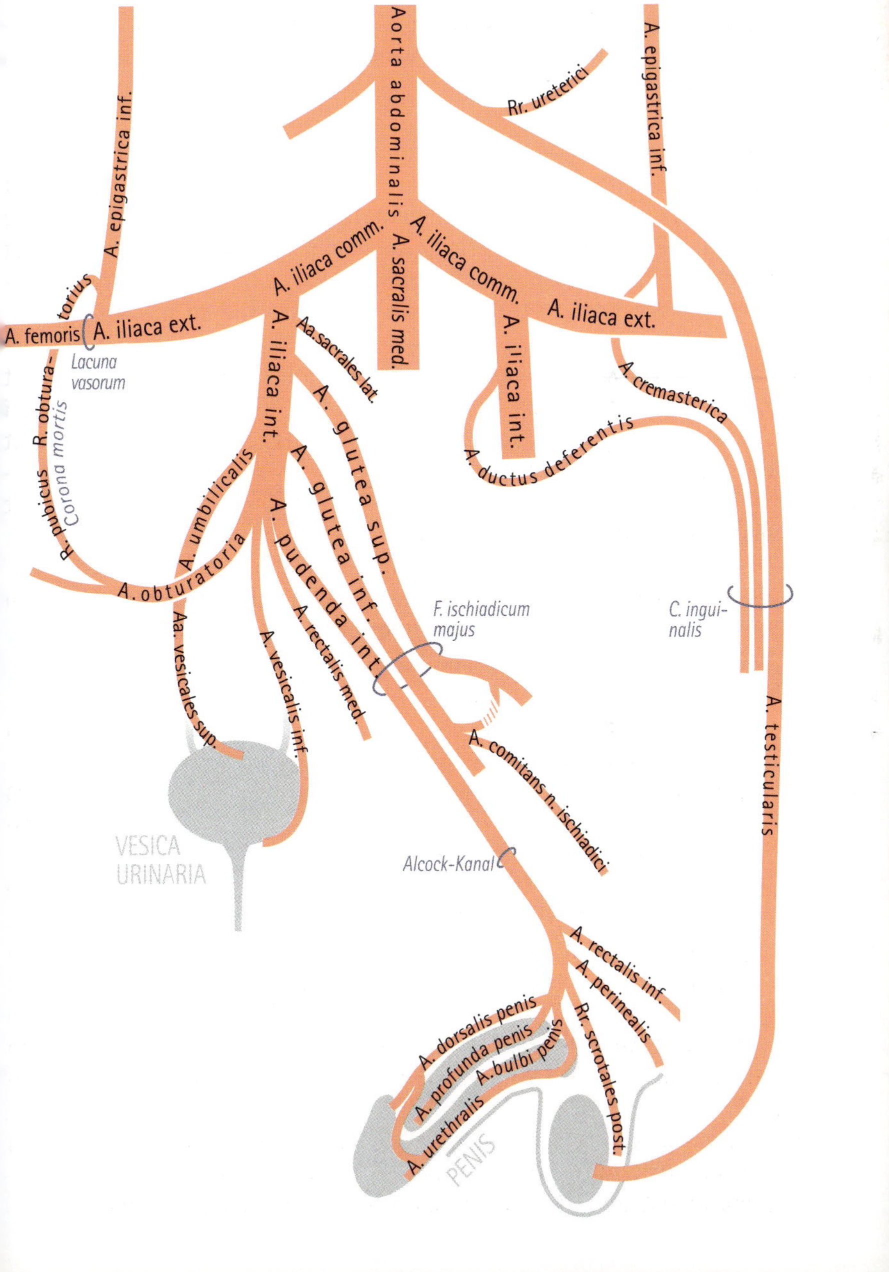
Aorta abdominalis
Rr. ureterici
A. epigastrica inf.
A. epigastrica inf.
A. iliaca comm.
A. iliaca comm.
A. sacralis med.
A. iliaca ext.
A. iliaca ext.
A. femoris
R. obturatorius
Lacuna vasorum
Aa. sacrales lat.
A. iliaca int.
A. iliaca int.
A. cremasterica
A. ductus deferentis
R. pubicus
Corona mortis
A. umbilicalis
A. obturatoria
A. glutea sup.
A. glutea inf.
A. pudenda int.
F. ischiadicum majus
C. inguinalis
Aa. vesicales sup.
A. vesicalis inf.
A. rectalis med.
A. comitans n. ischiadici
A. testicularis
VESICA URINARIA
Alcock-Kanal
A. rectalis inf.
A. perinealis
Rr. scrotales post.
A. dorsalis penis
A. profunda penis
A. bulbi penis
A. urethralis
PENIS

Parietale Äste bei der Frau

- Die Äste der **A. pudenda interna** versorgen die Vulva und die Labien.

Viszerale Äste

- **A. umbilicalis**: gibt A. ductus deferentis und Aa. vesicales superiores zu Versorgung der Harnblase ab.
- **A. vesicalis inferior**: versorgt den unteren Teil der Blase. Beim Mann gib sie Äste zu Prostata und Vesicula seminalis.
- **A. rectalis media**: zieht zum Rektum.
- Über die **Aa. profundae penis bzw. clitoridis** kommt es bei sexuelle Stimulation zur Erektion des Penis bzw. zum Anschwellen des Corpus cavernosum clitoridis. Über die parasympathischen Fasern der Nn. erigentes aus dem Plexus hypogastricus und Stickstoff (NO)-Freisetzung aus dem Endothel werden diese Arterien dilatiert, was zur Blutfüllung der Schwellkörper führt.

Viszerale Äste bei der Frau

- Die **A. uterina** bei der Frau entspricht der männlichen A. ductus deferentis und gibt Äste zur Versorgung von Ovar, Tube und Vagina ab.
- Bei der Frau gibt die **A. vesicalis inferior** Äste zur Vagina ab.
- Bei der Frau geht die A. ligamenti teretis uteri aus der A. epigastrica inferior hervor.

HOMOLOGE ARTERIEN BEI MANN UND FRAU

♂	♀
• A. testicularis	• A. ovarica
• A. cremasterica	• A. ligamenti teretis uteri
• A. ductus deferentis	• A. uterina

Homologe Äste der A. pudenda interna

• Rr. scrotales posteriores	• Rr. labiales posteriores
• A. dorsalis penis	• A. dorsalis clitoridis
• A. profunda penis	• A. profunda clitoridis

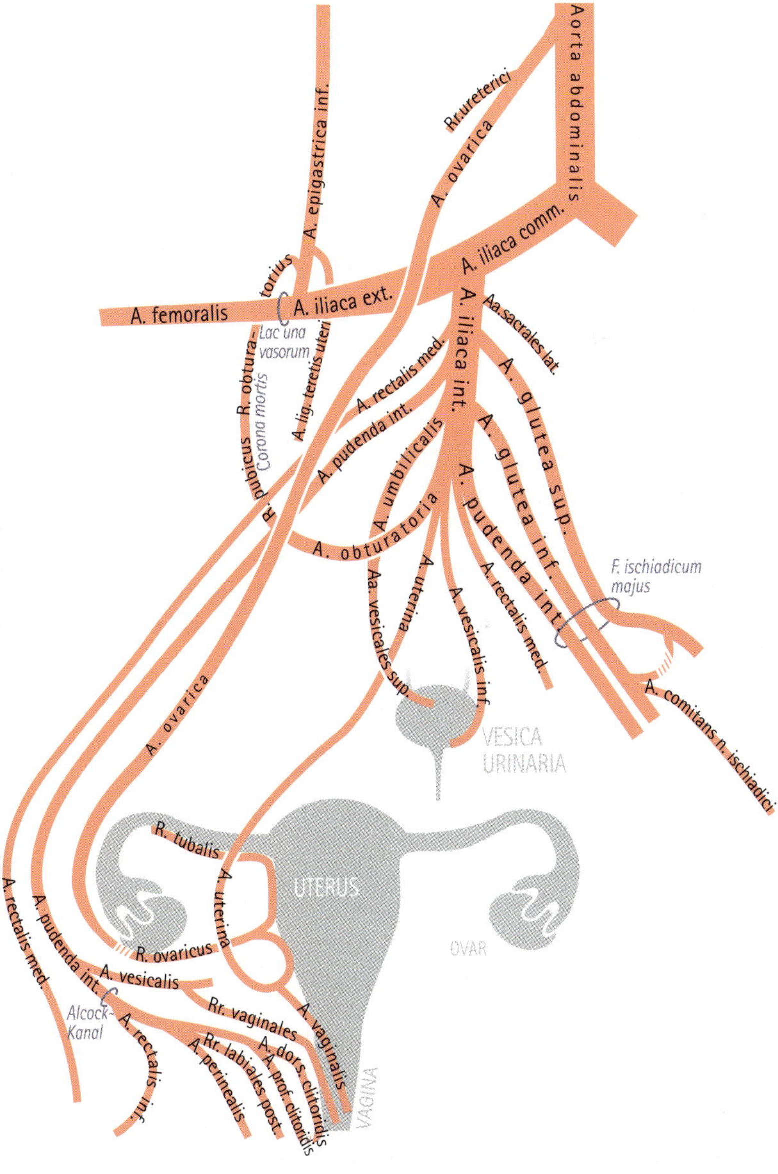

Aorta abdominalis
Rr. ureterici
A. ovarica
A. epigastrica inf.
A. iliaca comm.
A. iliaca ext.
A. femoralis
Lacuna vasorum
R. obturatorius
R. pubicus
Corona mortis
A. lig. teretis uteri
A. iliaca int.
Aa. sacrales lat.
A. rectalis med.
A. pudenda int.
A. umbilicalis
A. glutea sup.
A. glutea inf.
A. obturatoria
A. pudenda int.
F. ischiadicum majus
Aa. vesicales sup.
A. uterina
A. vesicalis inf.
A. rectalis med.
A. comitans n. ischiadici
VESICA URINARIA
A. ovarica
R. tubalis
UTERUS
A. uterina
OVAR
R. ovaricus
A. vesicalis
A. rectalis med.
A. pudenda int.
Alcock-Kanal
A. rectalis inf.
Rr. vaginales
A. vaginalis
A. perinealis
Rr. labiales post.
A. dors. clitoridis
A. prof. clitoridis
VAGINA

- Das Hüftgelenk wird sowohl von der A. glutea inferior versorgt als auch von den Endästen der Aa. circumflexae femoris, die dort anastomosieren. Der R. acetabularis der A. obturatoria spielt dagegen nur eine untergeordnete Rolle.

- Die **A. femoralis** kann unmittelbar unter dem Ligamentum inguinale getastet werden. Noch vor dem Durchtritt unter dem Leistenband geht hier die A. epigastrica inferior aus der A. iliaca externa ab. In dieser Höhe, aber natürlich oberhalb des Leistenbandes, befindet sich etwa die Mitte des Leistenkanals. Anhand der epigastrischen Gefäße läßt sich intraoperativ zwischen direkter (medialer) und indirekter (lateraler) Leistenhernie differenzieren.

- An den stark beweglichen Abschnitten der unteren Extremität sorgen arterielle Anastomosen dafür, dass das Blut auch dann das Zielgewebe erreicht, wenn einzelne Arterien durch Extremstellungen abgeschnürt werden. Das kann unter Umständen bei längerem Sitzen vorkommen. So wird die Gesäßregion sowohl aus der A. glutea inferior und superior als auch aus den Aa. circumflexae femoris versorgt, die über die Aa. perforantes verbunden sind. Die beiden Aa. circumflexae femoris anastomosieren im Bereich des Hüftgelenks miteinander. Weitere Anastomosen bestehen im Bereich des Knies mit dem Rete articulare genus sowie am Fuß mit dem Rete malleolare, dem Rete calcanei und den Arcus plantares.

- Eine Verletzung der **Aa. circumflexa iliaca profunda et lumbales** kann, insbesondere bei Blutern, zu einem Kompartmentsyndrom in der Loge des M. iliopsoas und zur Schädigung des N. femoralis führen.

- Weist der M. gastrocnemius atypische bzw. zusätzliche Ursprünge einzelner Faserstränge an den bindegewebigen Hüllen der Vasa poplitea auf, kann daraus das so genannte A. poplitea-Kompressionssyndrom resultieren.

- Eine Verletzung der **A. tibialis anterior** kann zu einem Kompartmentsyndrom in der Tibialis-anterior-Loge führen.

- Bei einem Bänderriss oder einer Knöchelfraktur sind oft Hämatome im Bereich des Rete malleolare laterale und mediale sichtbar.

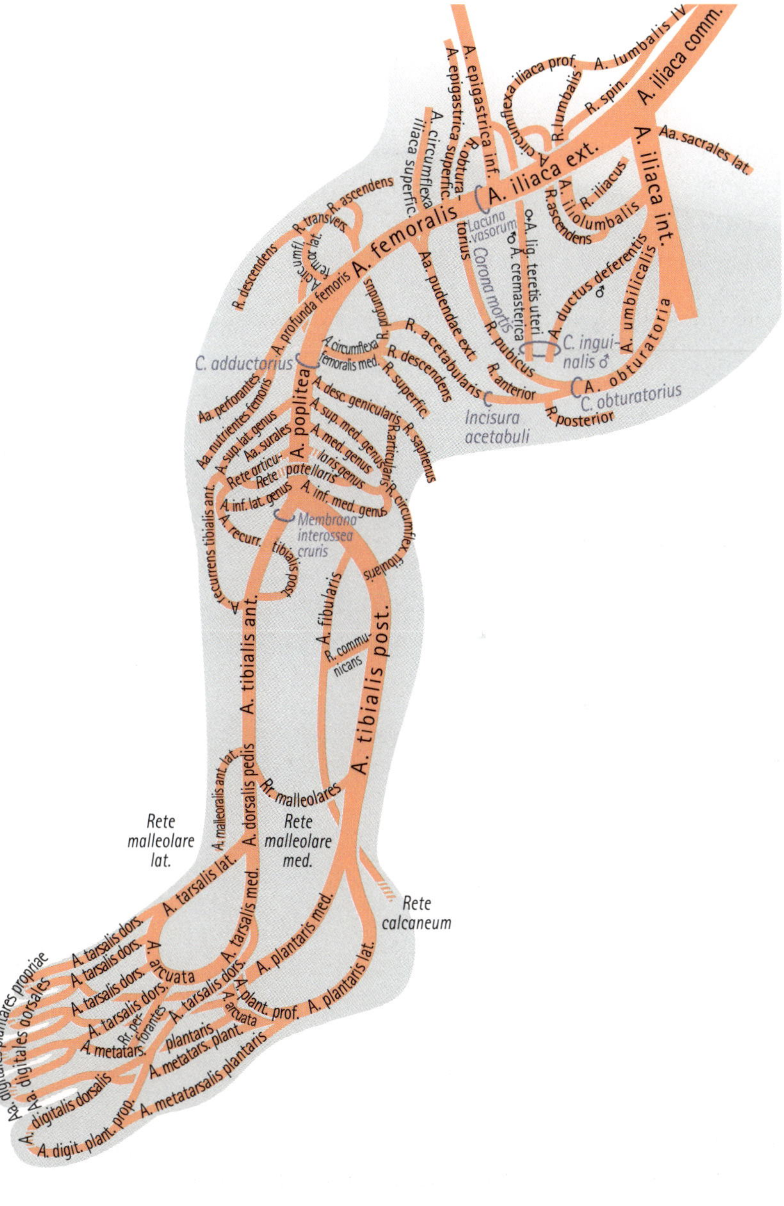

Die wichtigsten Venen

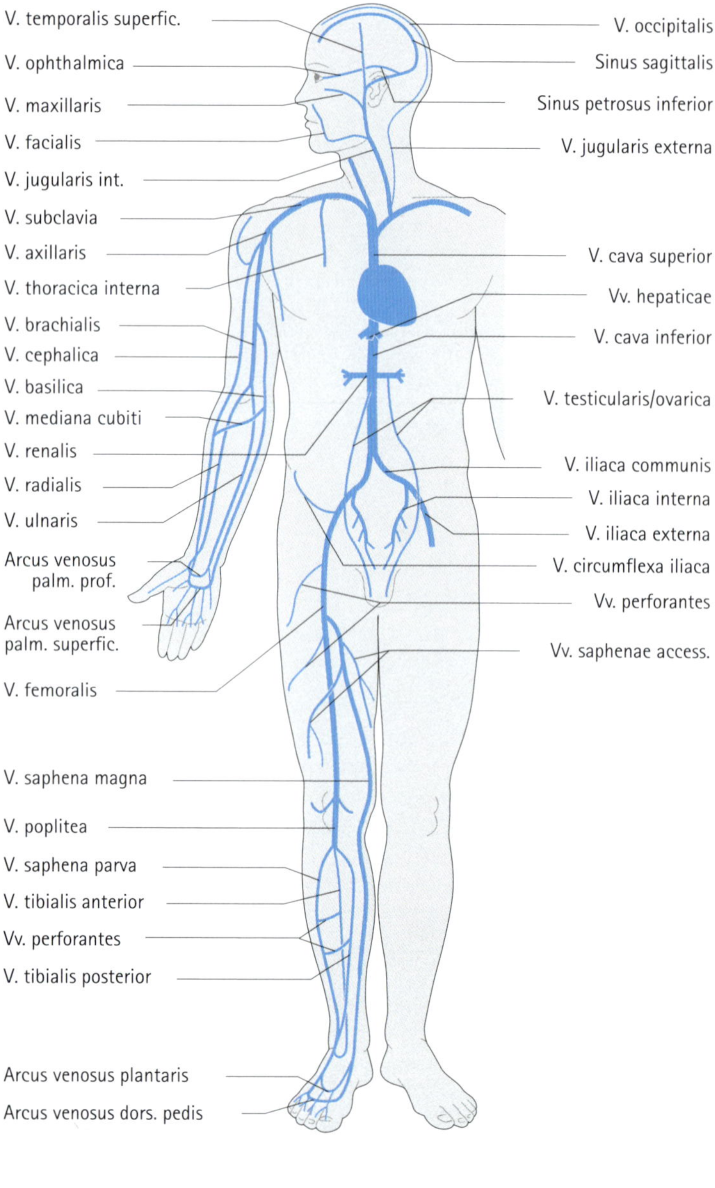

Die einzelnen Tafeln im Überblick

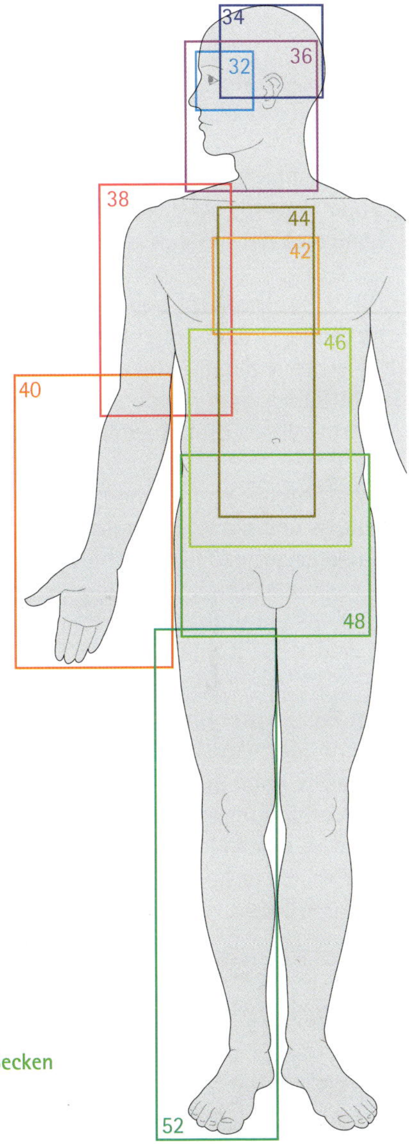

- Der Abfluss des Blutes aus Choroidea, Corpus ciliare und Iris erfolgt über zahlreiche Venolen, die in die vier Wirbelvenen (Vv. vorticosae) einmünden.

- Die **V. centralis retinae** verläuft parallel zur gleichnamigen Arterie und sammelt das Blut der Netzhaut.

- Das Kammerwasser drainiert aus der vorderen Augenkammer in den **Sinus venosus sclerae** (Schlemmscher Kanal). Ist dieser Abfluss gestört, kann sich der Innendruck des Auges erhöhen (Engwinkelglaukom).

- Die **V. ophthalmica superior** erhält Zuflüsse aus Bulbus, oberer Orbita, Augenlid, Tränenapparat und Siebbeinzellen, bevor sie in den Sinus cavernosus einmündet. Die **V. ophthalmica inferior** kann Verbindung zum Plexus pterygoideus und zur V. ophthalmica superior haben und führt venöses Blut aus dem Bereich der Nasenhöhle.

- Krankheitserreger können bei entsprechendem Blutfluss über die **V. angularis** und die V. ophthalmica superior aus dem Gesichtsbereich in den Sinus cavernosus und von dort aus in die Sinus durae matris gelangen, was eine Meningitis zur Folge haben kann. In diesem Zusammenhang ist auch die Verbindung zwischen V. ophthalmica superior und den venösen Gefäßen des Gehirns über die **V. diploica frontalis** zu erwähnen.

- Der **Plexus pterygoideus** erhält u. a. Zuflüsse aus dem Hörorgan und aus Venen der Ohrspeicheldrüse. Bei Entzündungen der Parotis (z. B. Parotitis epidemica = Mumps, Ziegenpeter) kann es, begünstigt durch die Verbindungen des Plexus zum Sinus cavernosus, zu Komplikationen in Form einer Meningitis, seltener einer Enzephalitis kommen. Meningitiden entstehen in ca. 50 % der Fälle ohne vorhergehende Parotis-Entzündungen.

Zuflüsse zur V. ophthalmica superior

Vv. **cilia**res, Vv. palpebrales (**Augen**lider), V. **di**ploica frontalis, Vv. **vor**ticosae, V. **lac**rimalis, V. **central**is retinae, Vv. **et**hmoidales, V. **oft**halmica inferior	**Sicilia**nische **Augen**, **die vor**nehm **lac**hen, sieht man am **central**en **Et**na **oft**.

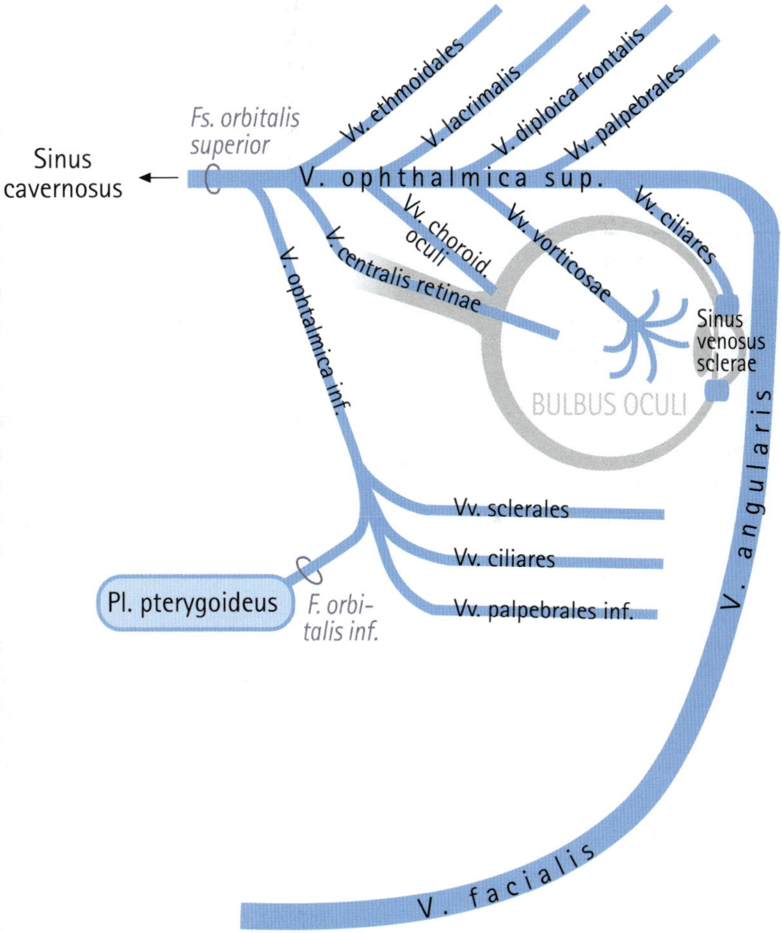

Sinus cavernosus
Fs. orbitalis superior
Vv. ethmoidales
V. lacrimalis
V. diploica frontalis
Vv. palpebrales
V. ophthalmica sup.
Vv. choroid. oculi
Vv. vorticosae
Vv. ciliares
V. centralis retinae
V. ophtalmica inf.
Sinus venosus sclerae
BULBUS OCULI
V. angularis
Vv. sclerales
Vv. ciliares
Vv. palpebrales inf.
Pl. pterygoideus
F. orbitalis inf.
V. facialis

- Die Venen des Gehirns weisen keine Klappen auf.

- Bei den Venen des Gehirns werden die **Vv. superficiales cerebri** von der tiefer gelegenen **Vv. profundae cerebri** unterschieden. Die oberfläch-lichen Venen liegen im Subarachnoidalraum und münden direkt in die Sinus durae matris. Das Blut aus den Vv. profundae cerebri sammelt sich erst in der V. magna cerebri (Galen), die dann in den Sinus rectus ein-mündet.

- In die V. magna cerebri münden vier Gefäße ein, die **Vv. basales** (Rosen-thal) und die **Vv. internae cerebri**.

- Bei Schädeltraumen können die dünnen Wände der Vv. superiores cere-bri (Brückenvenen) aufgrund ihrer Verwachsung mit dem Bindegewebe der Dura mater leicht reißen, was ein Subduralhämatom zur Folge hat.

- Über die **Vv. diploicae**, welche durch die Emissarvenen mit den Sinus durae matris in Kontakt stehen, kann bei einem Überdruck im zerebralen Venensystem Blut abgeleitet werden.

- Der **Sinus sigmoideus** verläuft dicht am Mittelohr. Er kann bei einer chronischen Otitis media mit einhergehendem Knochenabbau eröffnet werden.

- Kommt es unter der Geburt zu Traumen des Säuglingsschädels, kann durch Zerreißen der **V. thalamostriata** Blut in die Ventrikel gelangen.

Hirnvenen und ihre Abflussgebiete

- Frontal- und Parietallappen, Teile des Occipitallappens → Vv. superiores cerebri
- Temporallappen, basale Teile des Occipitallappens → Vv. inferiores cerebri → Vv. superficiales cerebri
- Blut aus Zwischen- und Mittelhirn, Balken, Insel und den Basalganglien → Vv. profundae cerebri

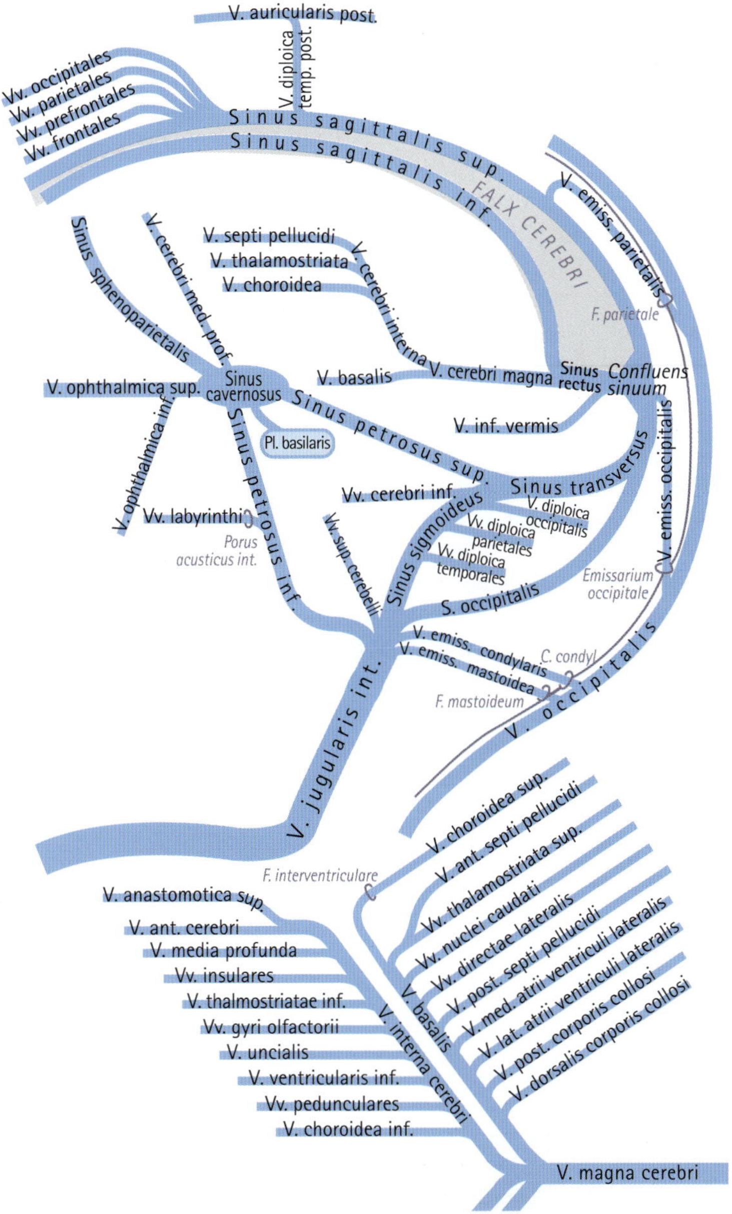
V. auricularis post.
V. diploica temp. post.
Vv. occipitales
Vv. parietales
Vv. prefrontales
Vv. frontales
Sinus sagittalis sup.
Sinus sagittalis inf.
FALX CEREBRI
V. emiss. parietalis
F. parietale
Sinus sphenoparietalis
V. cerebri med. prof.
V. septi pellucidi
V. thalamostriata
V. choroidea
V. cerebri interna
V. basalis
V. cerebri magna
Sinus rectus
Confluens sinuum
V. ophthalmica sup.
Sinus cavernosus
Sinus petrosus sup.
Pl. basilaris
V. inf. vermis
V. ophthalmica inf.
Sinus petrosus inf.
Vv. labyrinthi
Porus acusticus int.
Vv. cerebri inf.
Sinus transversus
V. diploica occipitalis
Vv. diploica parietales
Vv. diploica temporales
V. emiss. occipitalis
Vv. sup. cerebelli
Sinus sigmoideus
S. occipitalis
Emissarium occipitale
V. emiss. condylaris
C. condyl.
V. emiss. mastoidea
F. mastoideum
V. occipitalis
V. jugularis int.
V. choroidea sup.
V. ant. septi pellucidi
V. thalamostriata sup.
Vv. nuclei caudati
Vv. directae laterales
V. post. septi pellucidi
V. med. atrii ventriculi lateralis
V. lat. atrii ventriculi lateralis
V. post. corporis collosi
V. dorsalis corporis collosi
F. interventriculare
V. anastomotica sup.
V. ant. cerebri
V. media profunda
Vv. insulares
V. thalmostriatae inf.
Vv. gyri olfactorii
V. uncialis
V. ventricularis inf.
Vv. pedunculares
V. choroidea inf.
V. basalis
V. interna cerebri
V. magna cerebri

- Die **V. sublingualis** bildet an der Unterseite der Zunge einen oberflächlich liegenden Venenplexus, der durch die Schleimhaut gut sichtbar ist, so dass sublingual verabreichte Medikamente schnell aufgenommen werden können.

- Die **V. jugularis interna** kann zwischen dem sternalen und dem klavikulären Ansatz des M. sternocleidomastoideus, d. h. in der Fossa supraclavicularis minor, punktiert werden.

- Die V. jugularis interna verläuft gemeinsam mit der A. carotis und dem N. vagus als Gefäß-Nerven-Straße des Halses innerhalb der Karotisscheide (Spatium parapharyngeum).

- Die **V. jugularis externa** und die **V. temporalis superficialis** sollten beim aufrecht stehenden Menschen nicht gestaut sein. Treten sie dennoch deutlich sichtbar unter der Haut hervor, kann dies auf eine Herzinsuffizienz hinweisen.

- Ein Furunkel im Gesichtsbereich kann eine septische Thrombophlebitis auslösen, die über die venösen Verbindungen (V. ophthalmica superior et inferior, s. Augenvenen) auch zum Sinus cavernosus gelangen kann. Die unter Umständen daraus resultierende Kavernosusthrombose und eitrige Meningitis ist eine lebensgefährliche Erkrankung, die mit Fieber, Vorwölbung des Augapfels infolge eines retrobulbären Ödems, Augenmuskelstörungen, Bewusstseinsstörungen und Hirnnervenparesen einhergeht. Eine Kavernosusthrombose kann auch ein so genanntes Kavernosussyndrom nach sich ziehen.

Verbindungen der Emissarvenen

Verbindung innen		Emissarvene		Verbindung außen
• Sinus sigmoideus	→	V. emissaria mastoidea	→	V. occipitalis
• Sinus sigmoideus	→	V. emissaria condylaris	→	Plexus vertebralis externus
• Sinus sagittalis superior	→	V. emissaria parietalis	→	V. temporalis superficialis
• Confluens sinuum	→	V. emissaria occipitalis	→	V. occipitalis

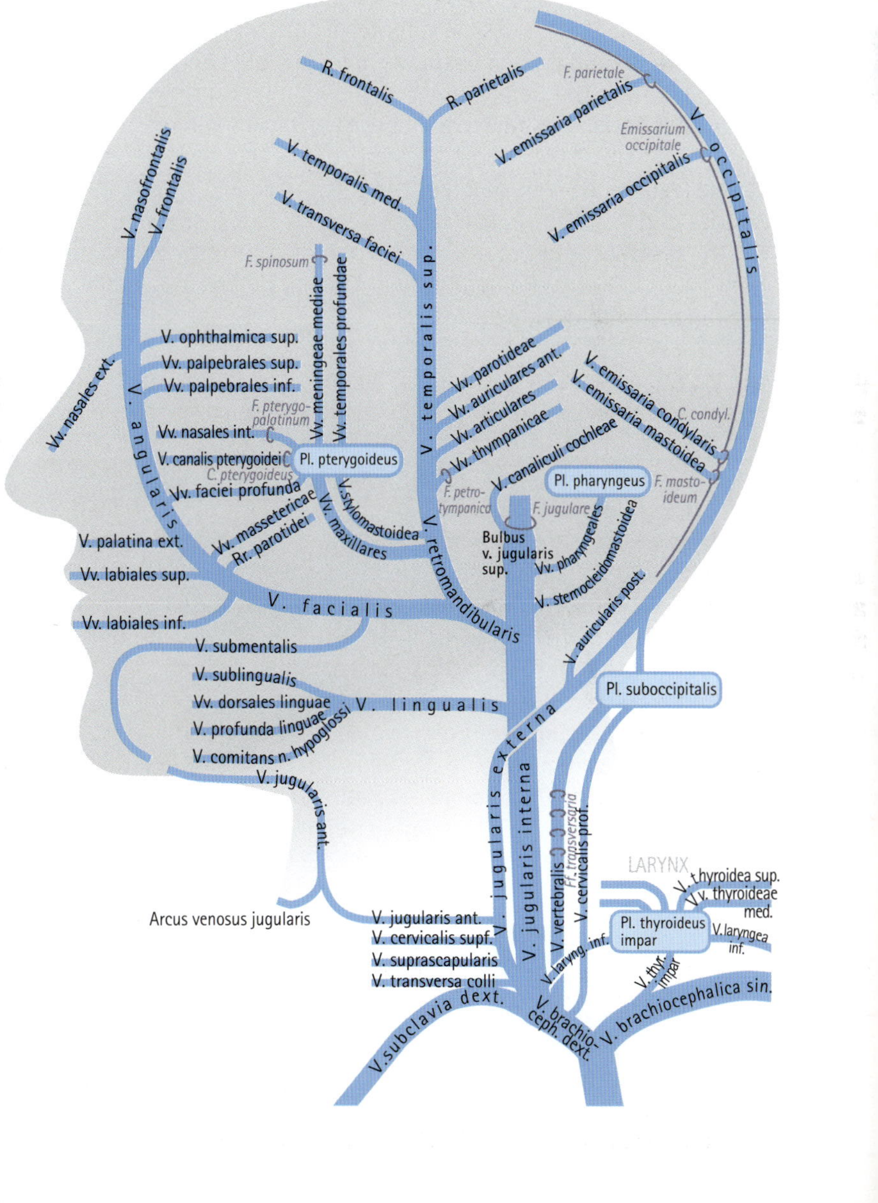
R. frontalis
R. parietalis
F. parietale
V. emissaria parietalis
Emissarium occipitale
V. emissaria occipitalis
V. occipitalis
V. nasofrontalis
V. frontalis
V. temporalis med.
V. transversa faciei
F. spinosum
Vv. meningeae mediae
Vv. temporales profundae
V. temporalis sup.
V. ophthalmica sup.
Vv. palpebrales sup.
Vv. palpebrales inf.
Vv. nasales ext.
V. angularis
F. pterygo-palatinum
Vv. nasales int.
V. canalis pterygoidei
C. pterygoideus
Pl. pterygoideus
Vv. faciei profunda
Vv. massetericae
Rr. parotidei
V. stylomastoidea
Vv. maxillares
Vv. parotideae
Vv. auriculares ant.
Vv. articulares
Vv. thympanicae
V. canaliculi cochleae
F. petro-tympanica
V. emissaria condylaris
V. emissaria mastoidea
C. condyl.
F. mastoideum
Pl. pharyngeus
F. jugulare
Bulbus v. jugularis sup.
Vv. pharyngeales
V. sternocleidomastoidea
V. auricularis post.
V. retromandibularis
V. palatina ext.
Vv. labiales sup.
Vv. labiales inf.
V. facialis
V. submentalis
V. sublingualis
Vv. dorsales linguae
V. profunda linguae
V. comitans n. hypoglossi
V. lingualis
Pl. suboccipitalis
V. jugularis externa
V. jugularis ant.
Arcus venosus jugularis
V. jugularis ant.
V. cervicalis supf.
V. suprascapularis
V. transversa colli
V. jugularis interna
V. vertebralis
Ff. transversaria
V. cervicalis prof.
LARYNX
V. thyroidea sup.
Vv. thyroideae med.
Pl. thyroideus impar
V. laryngea inf.
V. laryng. inf.
V. thyr. impar
V. subclavia dext.
V. brachioceph. dext.
V. brachiocephalica sin.

- Der Abfluss des Blutes aus dem Armbereich erfolgt getrennt nach Haut und tieferen Schichten (Muskeln, Knochen, etc.). Die oberflächlichen Venen, die das Blut aus dem Hautbereich ableiten, liegen im subkutanen Bindegewebe und weisen bezüglich ihres Verlaufs einen hohen Grad an Variabilität auf. Die tiefen Venen verlaufen mit den Arterien und haben zahlreiche Verbindungen zu den oberflächlichen Venen.

- Am so genannten **Venenwinkel** (Angulus venosus) treffen V. jugularis interna und V. subclavia auf beiden Körperseiten zusammen und bilden die **Vv. brachiocephalicae**, welche in die obere Hohlvene drainieren. In den linken Venenwinkel mündet der Ductus thoracicus, in den rechten der Ductus lymphaticus dexter.

- Die **Vv. bronchiales** führen nur das Blut aus den Bronchien. Die intrapulmonalen Vasa privata drainieren in die Vv. pulmonales.

- Die **V. mediana cubiti** liegt auf der Aponeurosis musculi bicipitis brachii auf. Sie wird bei der Blutabnahme aus dem Arm häufig punktiert. Bei jeder Venenpunktion ist jedoch die starke Variabilität des oberflächlichen Venensystems zu berücksichtigen. Die A. brachialis superficialis kann noch aus der Embryonalentwicklung vorhanden sein. Aufgrund ihres oberflächlichen Verlaufs ist bei Einstichen im Bereich der Ellenbeuge besondere Vorsicht geboten. (Pulse tasten!)

- Zum Einbringen eines zentralen Venenkatheters (ZVK) in das venöse Gefäßsystem wird meist eine der Venen der oberen Körperhälfte punktiert (z. B. V. basilica) und dann der Katheter in die V. cava superior herznah hinein geschoben. Bei längerem Aufenthalt des Katheters im Gefäß (so genannter Verweilkatheter) besteht die Gefahr einer Sepsis.

Venen im oberen Armbereich

Oberflächliche Armvenen

- V. cephalica
- V. basilica
- V. mediana cubiti

Tiefe Armvenen

- V. subclavia
- V. axillaris
- Vv. brachiales

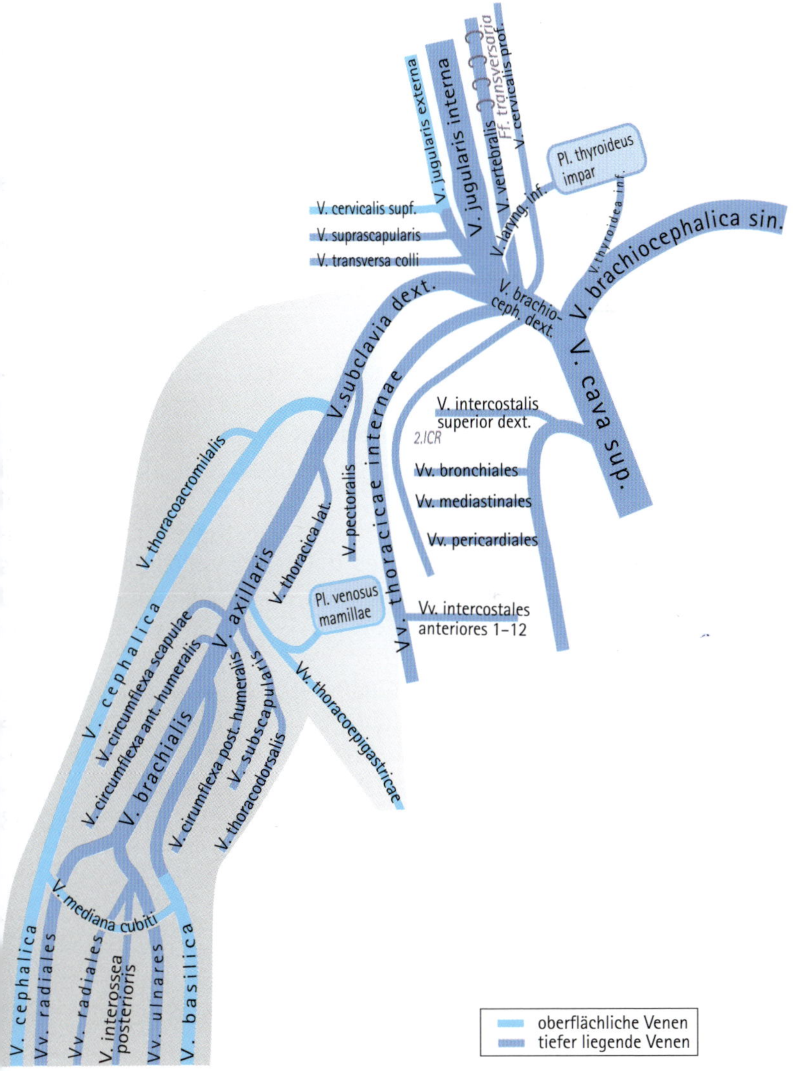
V. jugularis externa
V. jugularis interna
V. vertebralis
Ff. transversaria
V. cervicalis prof.
Pl. thyroideus impar
V. cervicalis supf.
V. suprascapularis
V. transversa colli
V. laryng. inf.
V. thyroidea inf.
V. brachiocephalica sin.
V. subclavia dext.
V. brachio-ceph. dext.
V. cava sup.
Vv. thoracicae internae
V. intercostalis superior dext.
2.ICR
Vv. bronchiales
Vv. mediastinales
Vv. pericardiales
V. thoracoacromialis
V. pectoralis
V. thoracica lat.
V. axillaris
Pl. venosus mamillae
Vv. intercostales anteriores 1–12
V. cephalica
V. circumflexa scapulae
V. circumflexa ant. humeralis
V. brachialis
V. cirumflexa post. humeralis
V. subscapularis
V. thoracodorsalis
Vv. thoracoepigastricae
V. mediana cubiti
V. cephalica
Vv. radiales
Vv. radiales
V. interossea posterioris
Vv. ulnares
V. basilica
oberflächliche Venen
tiefer liegende Venen

- Die oberflächlichen und tiefen Venen der Hand und des Unterarms entspringen reich verzweigten Gefäßnetzen und setzen sich nach proxima in die größeren venösen Gefäße fort.

- Im subkutanen Bindegewebe des Handrückens befindet sich das **Rete venosum dorsale manus**, ein Flechtwerk aus Anastomosen zwischen den einzelnen Vv. metacarpales dorsales, von denen häufig drei besonders kräftig ausgebildet sind. Der venöse Zugang für Infusionen erfolgt in der Regel über eine Kanüle. Diese kann in einen kräftigen Ast des Rete venosum dorsale manus gestochen werden. Meist wird jedoch eine Punktion der Ellbogenvenen vorgezogen, weil bei Fehlversuchen der Arm leichter abgebunden werden kann.

- Das Blut aus der Haut der Handinnenfläche fließt über den **Arcus venosus palmaris superficialis** ab, aus den tiefer gelegenen Schichten gelangt es in den **Arcus venosus palmaris profundus**. Beide Venenbögen der Hohlhand stehen über zahlreiche Anastomosen miteinander in Kontakt.

- Im mittleren und distalen Bereich des Unterarms verlaufen N. ulnaris, A. ulnaris und die Vv. ulnares gemeinsam als so genanntes **„ulnares Gefäß-Nerven-Bündel“**.

- Zur Messung der Regulation der Gefäßweite der Handvenen wird die **Compliance-Messtechnik** durchgeführt, bei der die Auswirkungen von Bradykinin und Nitroglyzerin auf die Weitstellung der Gefäße untersucht werden. Patienten mit einem Schlafapnoe-Syndrom weisen z. B. nach Gabe von Bradykinin eine deutlich verminderte Dilatation der Handvenen auf.

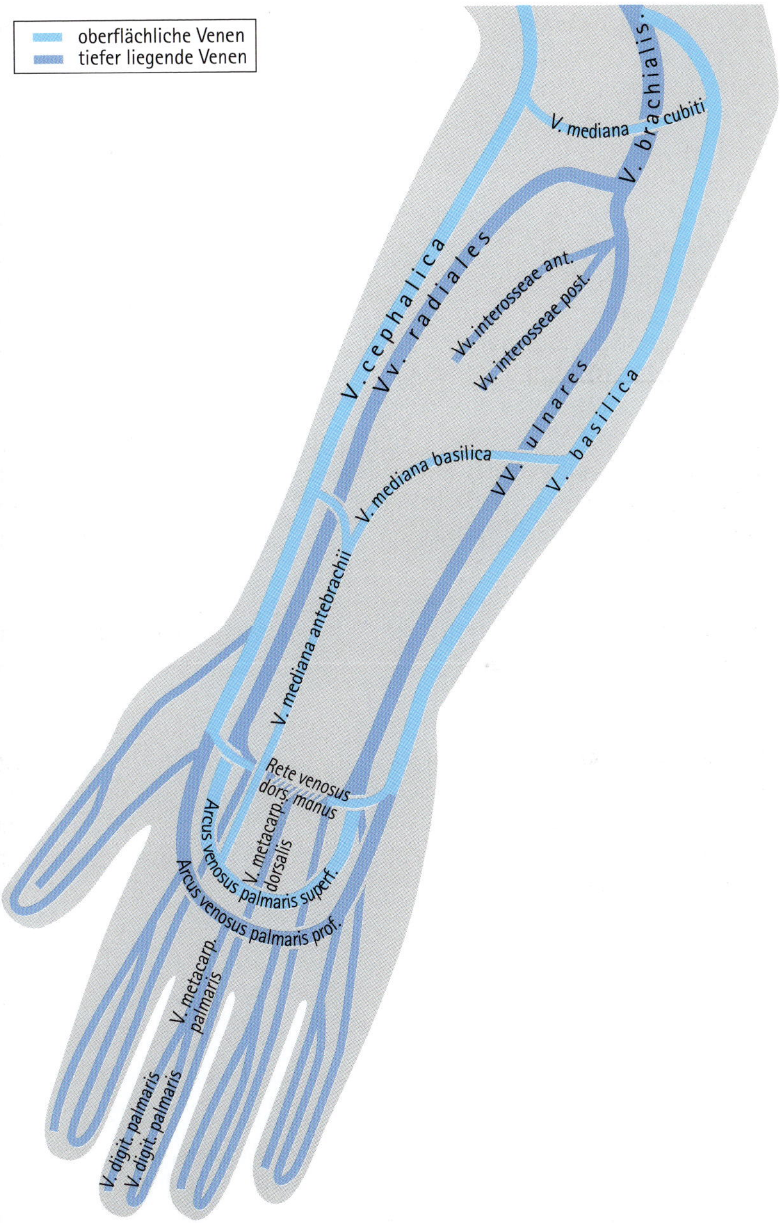
oberflächliche Venen
tiefer liegende Venen
V. brachialis
V. mediana cubiti
V. cephalica
Vv. radiales
Vv. interosseae ant.
Vv. interosseae post.
Vv. ulnares
V. basilica
V. mediana basilica
V. mediana antebrachii
Rete venosus dors. manus
V. metacarp. dorsalis
Arcus venosus palmaris superf.
Arcus venosus palmaris prof.
V. metacarp. palmaris
V. digit. palmaris
V. digit. palmaris

V

- Die **Vv. oesophageales** liegen dicht unter der Schleimhaut im unteren Bereich des Oesophagus und drainieren einerseits über die V. brachiocephalica in die V. cava superior, andererseits in die V. portae. Bei eine portalen Hypertension können diese Venen Varizen mit starke Blutungsneigung in den Oesophagus bilden.

- Das venöse Blut des Herzmuskels fließt über mehrere Koronarvenen in den **Sinus coronarius**, der neben der V. cava inferior in den rechten Vorhof einmündet.

- Die **Vv. cardiacae minimae** und die **Vv. cardiacae parvae** münden direkt in den rechten Vorhof und stellen somit einen physiologischen arteriovenösen Shunt dar. Das Blut, welches den linken Ventrikel verlässt, ist also nicht zu 100 % mit Sauerstoff gesättigt. Ein anderer Grund hierfür ist, dass die Vv. pulmonales neben dem sauerstoffreichen Blut aus dem Bereich der Alveolen auch Teile des von der Lunge selbst verbrauchten sauerstoffarmen Blutes zurück zum Herzen führen.

- Das **Zwerchfell** weist neben dem Foramen venae cavae je eine Öffnung für den Durchtritt der V. azygos bzw. V. hemiazygos sowie der V. thoracica interna auf.

- Infolge eines Myokardinfarkts, bei bestehender Linksherzinsuffizienz oder durch einen angeborenen bzw. erworbenen Herzfehler, kann sich eine Rechtsherzinsuffizienz ausbilden. Wird das Blut aus dem rechten Herzen nicht mehr vollständig weitergepumpt, kommt es zu einem Rückstau des Blutes im großen Kreislauf und zu einem Anstieg des zentralen Venendrucks.

WICHTIGE ZUFLÜSSE DES SINUS CORONARIUS (KORONARVENEN)

- V. cardiaca magna
- V. interventricularis posterior
- V. ventriculi sinistri posterior
- V. cardiaca parva
- V. obliqua atrii sinistri (Marshall)

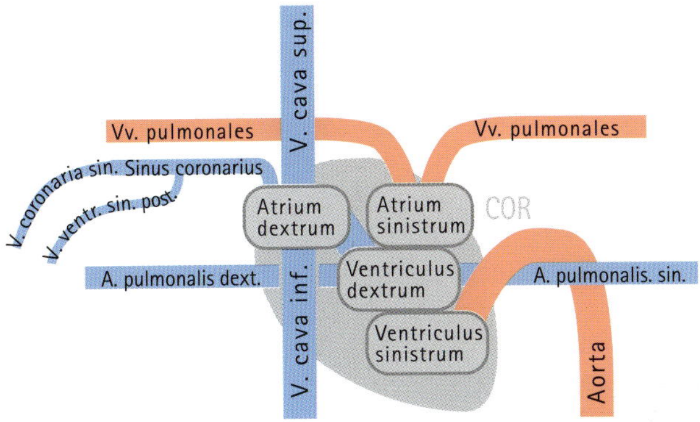

V. cava sup.
Vv. pulmonales
Vv. pulmonales
V. coronaria sin. Sinus coronarius
V. ventr. sin. post.
Atrium dextrum
Atrium sinistrum
COR
A. pulmonalis dext.
Ventriculus dextrum
A. pulmonalis. sin.
V. cava inf.
Ventriculus sinistrum
Aorta

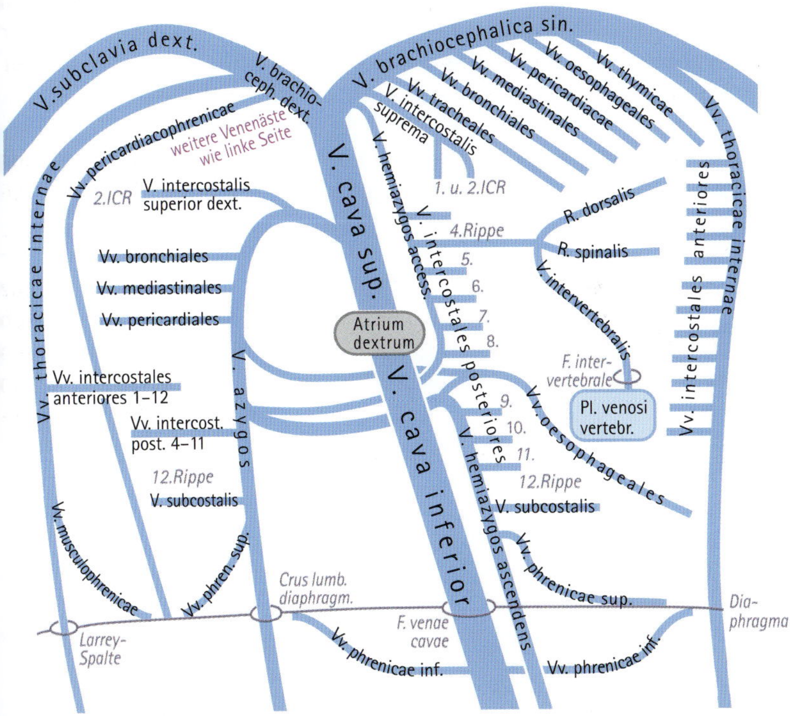

V. subclavia dext.
V. brachioceph. dext.
V. brachiocephalica sin.
Vv. thymicae
Vv. oesophageales
Vv. pericardiacae
Vv. mediastinales
Vv. bronchiales
Vv. tracheales
V. intercostalis suprema
Vv. pericardiacophrenicae
weitere Venenäste wie linke Seite
Vv. thoracicae internae
V. cava sup.
V. hemiazygos access.
2.ICR
V. intercostalis superior dext.
1. u. 2.ICR
R. dorsalis
4.Rippe
R. spinalis
Vv. bronchiales
Vv. mediastinales
Vv. pericardiales
5.
6.
7.
8.
V. intervertebralis
Vv. intercostales anteriores
Vv. thoracicae internae
Atrium dextrum
Vv. intercostales posteriores
F. intervertebrale
Vv. intercostales anteriores 1–12
V. azygos
Pl. venosi vertebr.
9.
10.
11.
Vv. oesophageales
Vv. intercost. post. 4–11
V. cava inferior
12.Rippe
12.Rippe
V. subcostalis
V. subcostalis
V. hemiazygos ascendens
Vv. musculophrenicae
Vv. phren. sup.
Vv. phrenicae sup.
Crus lumb. diaphragm.
Diaphragma
Larrey-Spalte
F. venae cavae
Vv. phrenicae inf.
Vv. phrenicae inf.

- Die **V. cava superior** (obere Hohlvene) entsteht aus dem Zusammenfluss der beiden Vv. brachiocephalicae. Sie sammelt Blut aus dem Kopf-, Hals-, Arm- und Schulterbereich sowie der Brustwand.

- Aus der Vereinigung der Vv. iliacae communes und Zuflüssen der V. sacralis mediana entsteht die **V. cava inferior** (untere Hohlvene). In ihrem Verlauf nimmt sie Blut aus den Beinen, Beckenorganen, Gonaden, paarigen Bauchorganen, der Leber sowie aus den oberflächlichen Schichten von Bauch und Becken auf.

- Zwischen oberer und unterer Hohlvene bestehen mehrere Verbindungen, die als Cava-cava-Anastomosen bezeichnet werden. Über diese Verbindungen kann bei Stauungen der V. cava inferior das Blut umgeleitet werden.

- **V. azygos** und **V. hemiazygos** nehmen zentrale Stellungen im Bereich der Cava-cava- und portokavalen Anastomosen ein. Die V. azygos verläuft unmittelbar rechts der Wirbelsäule und mündet in die V. cava superior. Die V. hemiazygos erhält meist noch Blut aus der V. hemiazygos accessoria und mündet in die V. azygos ein.

- Bei portaler Hypertension, d. h. einer chronischen oder akuten Blutstauung in der **V. portae** (z. B. infolge einer Leberzirrhose), kann das Blut über die portokavalen Anastomosen in die V. cava inferior und andere Regionen des Venensystems geleitet werden. Die chronische Stauung der oberflächlichen Venen ist dafür ein charakteristisches Symptom.

ANASTOMOSEN IM BEREICH DER V. CAVA

Cava-cava-Anastomosen

- V. lumbalis ascendens
- Übergänge von V. epigastrica inferior in die Vv. epigastricae superiores
- Übergänge von Vv. thoracoepigastricae in die V. epigastrica superficialis

Portokavale Anastomosen

- Vv. oesophageales → Oesophagusvarizen
- Vv. paraumbilicales → Caput medusae
- Vv. rectales mediae et inferiores → Varizen im Rektumbereich (Analvarizen)
- Anastomosen zu Venen des Retroperitonealraums

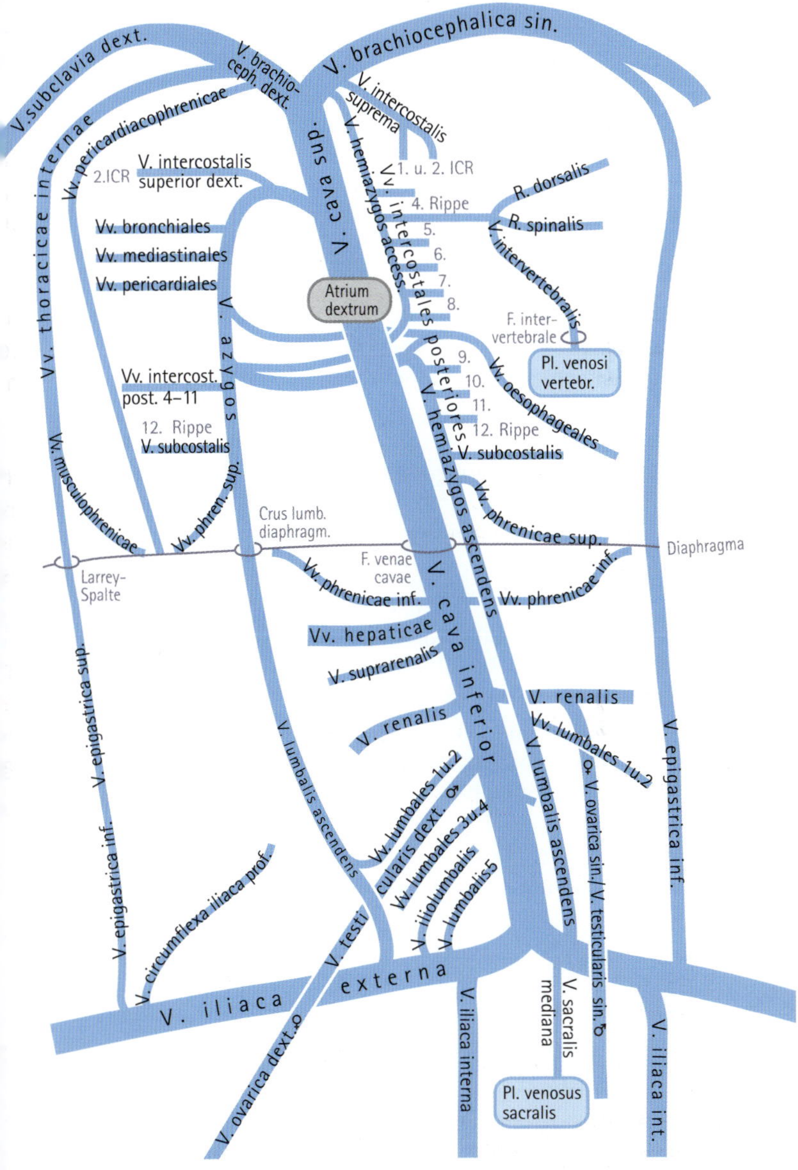
V. subclavia dext.
V. brachio-ceph. dext.
V. brachiocephalica sin.
V. intercostalis suprema
V. intercostalis
Vv. thoracicae internae
Vv. pericardiacophrenicae
2.ICR
V. intercostalis superior dext.
V. cava sup.
V. hemiazygos access.
1. u. 2. ICR
Vv. intercostales posteriores
4. Rippe
5.
6.
7.
8.
R. dorsalis
R. spinalis
V. intervertebralis
F. inter-vertebrale
Pl. venosi vertebr.
Vv. bronchiales
Vv. mediastinales
Vv. pericardiales
Atrium dextrum
V. azygos
Vv. intercost. post. 4–11
9.
10.
11.
12. Rippe
V. subcostalis
Vv. oesophageales
12. Rippe
V. subcostalis
V. hemiazygos
Vv. musculophrenicae
Vv. phren. sup.
Vv. phrenicae sup.
Crus lumb. diaphragm.
Diaphragma
Larrey-Spalte
F. venae cavae
Vv. phrenicae inf.
Vv. phrenicae inf.
V. cava inferior
Vv. hepaticae
V. suprarenalis
V. renalis
V. renalis
Vv. lumbales 1u.2
V. lumbalis ascendens
V. lumbalis ascendens
V. epigastrica sup.
V. epigastrica inf.
V. epigastrica inf.
Vv. lumbales 1u.2
V. testicularis dext. ♂
Vv. lumbales 3u.4
V. iliolumbalis
V. lumbalis5
V. ovarica sin./V. testicularis sin.♂
V. circumflexa iliaca prof.
V. testi
V. iliaca externa
V. ovarica dext.♀
V. iliaca interna
V. sacralis mediana
Pl. venosus sacralis
V. iliaca int.

- Nach einem sehr kurzen Verlauf außerhalb der Leber münden die Vv. hepaticae in die **V. cava inferior** ein. Diese grenzt hier an die Bauchhöhle. Ihr weiterer Verlauf führt die V. cava inferior dicht an der rechten Pleurahöhle entlang und ein kurzes Stück in den Herzbeutel hinein. Bei einem Dezelerationstrauma, wie z. B. einem Auffahrunfall, besteht die Gefahr, dass die Leber entweder durch ihr Gewicht die Lebervenen aus der V. cava inferior herausreißt oder die V. cava inferior längs einreißt. In Folge dessen kann es in allen drei genannten Leibeshöhlenabschnitten zu Einblutungen kommen.

- Die **Vv. thoracoepigastricae** stellen über die epigastrischen Venen und die V. axillaris eine Verbindung zwischen oberer und unterer Hohlvene her. Bei portaler Hypertension, kann sich über diese Anastomosen ein Umgehungskreislauf ausbilden.

- Aus Rinde und Mark der Niere gelangt das venöse Blut über die Vv. interlobulares in Vv. arcuatae und Vv. interlobares, welche in die V. renalis drainieren. Die Nierenfettkapsel hat ein eigenes Venensystem, die Vv. capsulares.

- Bei einer portalen Hypertension im Bereich der Leber kann es über die **Vv. paraumbilicales** zur Ausbildung eines Umgehungskreislaufs in die epifaszIellen Venen der Bauchhaut kommen. Dieser Umgehungskreislauf leitet das Blut in das kavale Venensystem. Die Bauchvenen sind in Folge dessen stark gestaut, varizenartig erweitert und gut sichtbar. Dieses als Caput medusae bezeichnete Symptom ist jedoch sehr selten zu beobachten.

- Die zirkumanalen Hautäste der **V. rectalis inferior** können Varizen bilden.

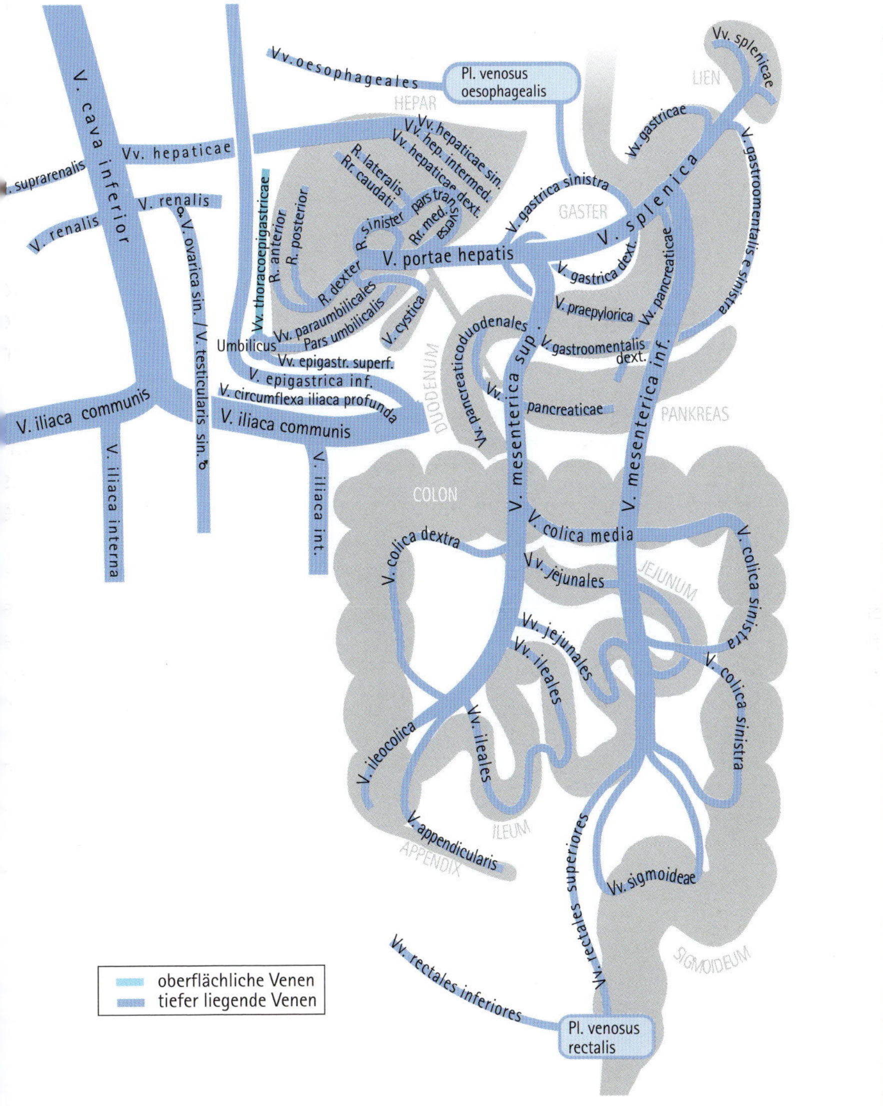
V. cava inferior
Vv. hepaticae
V. suprarenalis
V. renalis
V. renalis
V. ovarica sin. / V. testicularis sin.
V. iliaca communis
V. iliaca communis
V. iliaca interna
V. iliaca int.
Vv. oesophageales
Pl. venosus oesophagealis
HEPAR
Vv. hepaticae sin.
Vv. hep. intermed.
Vv. hepaticae dext.
R. lateralis
Rr. caudati
pars transversa
Rr. med.
R. sinister
R. dexter
R. anterior
R. posterior
Vv. thoracoepigastricae
Vv. paraumbilicales
Pars umbilicalis
Umbilicus
Vv. epigastr. superf.
V. epigastrica inf.
V. circumflexa iliaca profunda
V. portae hepatis
V. cystica
V. gastrica sinistra
GASTER
V. gastrica dext.
V. praepylorica
V. gastroomentalis dext.
Vv. gastricae
Vv. splenicae
LIEN
V. splenica
V. gastroomentalis sinistra
Vv. pancreaticae
Vv. pancreaticoduodenales
DUODENUM
Vv. pancreaticae
PANKREAS
V. mesenterica sup.
V. mesenterica inf.
COLON
V. colica media
V. colica dextra
V. colica sinistra
V. colica sinistra
Vv. jejunales
Vv. jejunales
JEJUNUM
Vv. ileales
Vv. ileales
V. ileocolica
V. appendicularis
APPENDIX
ILEUM
Vv. sigmoideae
Vv. rectales superiores
SIGMOIDEUM
Vv. rectales inferiores
Pl. venosus rectalis
oberflächliche Venen
tiefer liegende Venen

- Die Venen der Beckenregion verlaufen im wesentlichen mit den Arterien dieser Region. Durch Thromben, die sich in den Beckenvenen bilden, kommt es häufig zu schweren Lungenembolien.

- Der Abfluss des Blutes aus der Regio urogenitalis erfolgt über die **V. pudenda interna**, welche Zuflüsse aus kleineren venösen Gefäßen erhält. Diese namentlich den Arterien entsprechenden Gefäße drainieren z. T auch über die V. pudenda externa in die V. femoralis (V. dorsalis superficialis penis und V. scrotalis anterior beim Mann, Vv. labiales anteriores und Vv. dorsales superficiales clitoridis bei der Frau).

- Am Leistenband münden die **V. epigastrica inferior** und die **V. circumflexa ilium profunda** in die V. iliaca externa ein.

- Über die **V. lumbalis ascendens** sind V. iliaca und V. cava inferior mit de V. azygos bzw. V. hemiazygos verbunden.

- Das venöse Blut aus Hoden und Nebenhoden gelangt beim Mann aus dem Plexus pampiniformis über die **V. testicularis sinistra** in die V. renalis sinistra, aus der **V. testicularis dextra** dagegen direkt in die V. cava inferior. Der Abfluss des Penis findet auf verschiedenen Wegen statt Durch ein insuffizientes Klappensystem in der oberen V. testicularis kommt es zu Blutflussumkehr und somit zu einer venösen Stauung im Plexus pampiniformis. Dadurch kann der Hoden geschädigt und die Spermienproduktion negativ beeinflusst werden. Therapeutische Maßnahme ist in einem solchen Fall eine Verödung der V. testicularis.

Venöse Abflüsse des Penis

- Vv. profundae penis
- V. bulbi penis → V. pudenda interna
- V. dorsalis profunda penis → Plexus prostaticus, V. pudenda interna
- Vv. dorsales superficiales penis → V. saphena, V. femoralis

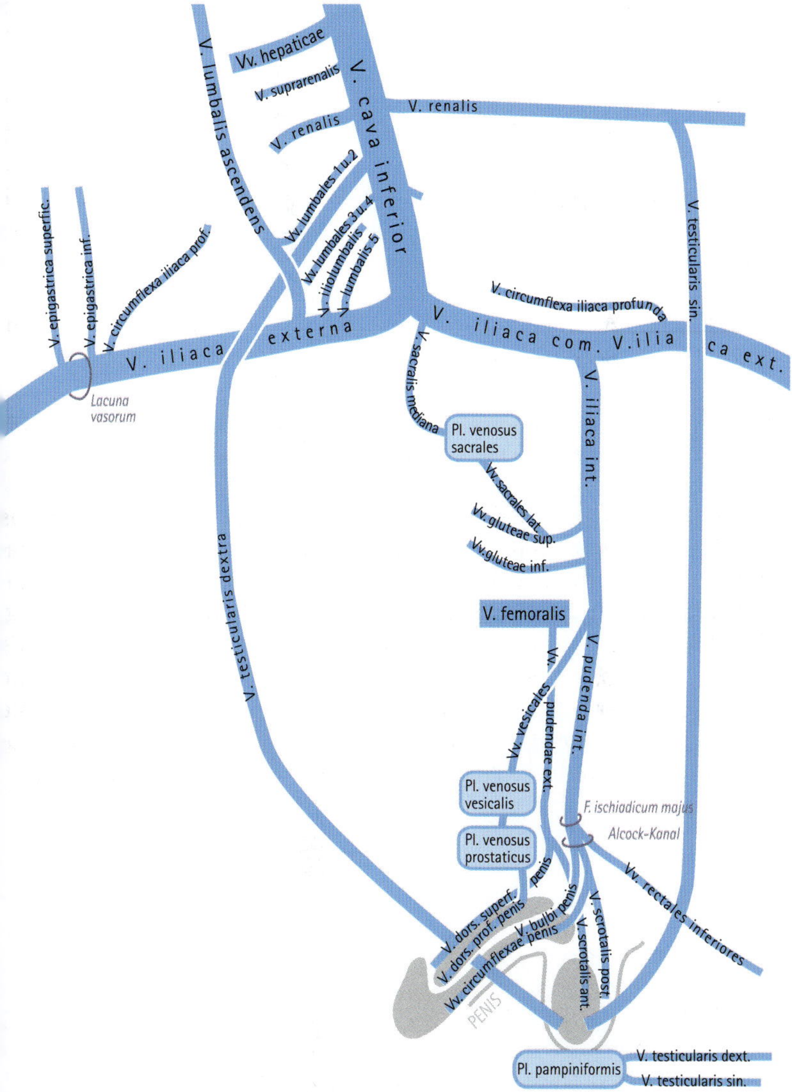
V. lumbalis ascendens
Vv. hepaticae
V. suprarenalis
V. renalis
V. cava inferior
V. renalis
Vv. lumbales 1 u. 2
Vv. lumbales 3 u. 4
V. iliolumbalis
V. lumbalis 5
V. epigastrica superfic.
V. epigastrica inf.
V. circumflexa iliaca prof.
V. iliaca externa
Lacuna vasorum
V. testicularis sin.
V. circumflexa iliaca profunda
V. iliaca com.
V. iliaca ext.
V. sacralis mediana
Pl. venosus sacrales
V. iliaca int.
Vv. sacrales lat.
Vv. gluteae sup.
Vv. gluteae inf.
V. testicularis dextra
V. femoralis
Vv. vesicales
Vv. pudendae ext.
V. pudenda int.
Pl. venosus vesicalis
Pl. venosus prostaticus
F. ischiadicum majus
Alcock-Kanal
Vv. rectales inferiores
V. dors. superf. penis
V. dors. prof. penis
V. bulbi penis
Vv. circumflexae penis
V. scrotalis post.
V. scrotalis ant.
PENIS
Pl. pampiniformis
V. testicularis dext.
V. testicularis sin.

- Um die Beckenorgane liegen z. T. miteinander in Beziehung stehende **Venengeflechte** (Plexus), aus denen der Abfluss über die den viszeralen Arterien entsprechenden venösen Gefäße erfolgt. Funktionell handelt es sich bei den Plexus im Beckenbereich um schwellfähige Blutpolster, welche die umschlossenen Organe gegeneinander abfedern können, wenn sich beispielsweise deren Füllungszustand verändert.

- Der **Plexus venosus sacralis** liegt auf der Vorderfläche des Kreuzbeins und ist auf beiden Körperseiten mit der V. sacralis mediana und der V. sacralis lateralis vernetzt. Der Abfluss erfolgt über die inneren Beckenvenen bzw. die V. iliaca communis.

- Bei beiden Geschlechtern erfolgt der venöse Abfluss des Rektums aus dem **Plexus venosus rectalis** über die unpaarige V. rectalis superior, welche in die Pfortader drainiert sowie über die paarigen Vv. rectales mediae et inferiores in die V. cava inferior. Bei portaler Hypertension kann es über diese portokavalen Anastomosen zur Varizenbildung im Bereich des Corpus cavernosum recti kommen, die in Form von Hämorrhoiden auftreten.

- Bei der Frau fließt das venöse Blut von Vulva und Uterus über den **Plexus venosus uterinus** bzw. den **Plexus venosus vaginalis** in die V. iliaca interna. Die V. dorsalis profunda clitoridis drainiert z. T. über den Plexus vesicalis in die inneren Beckenvenen. Entsprechend den Verhältnissen beim Mann mündet die V. ovarica dextra direkt in die V. cava inferior, während die V. ovarica sinistra zunächst in die V. renalis sinistra einmündet.

Homologe Venen bei Mann und Frau

♂	♀
• V. dorsalis superficialis penis	• V. dorsalis superficialis clitoridis
• V. scrotalis anterior	• Vv. labiales anteriores
• V. testicularis dextra (sinistra)	• V. ovarica dextra (sinistra)
• V. ductus deferentis	• V. uterina
• V. cremasterica	• V. ligamenti teretis uteri

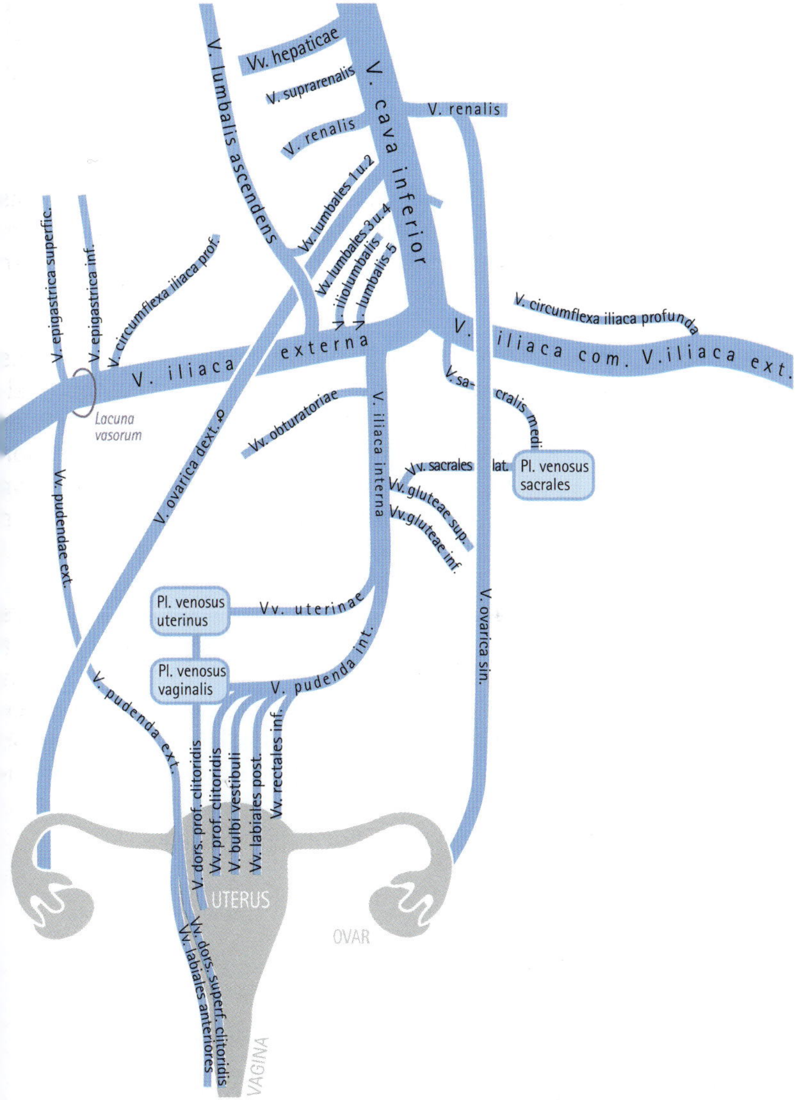

Vv. hepaticae
V. suprarenalis
V. cava inferior
V. renalis
V. renalis
V. lumbalis ascendens
Vv. lumbales 1 u. 2
Vv. lumbales 3 u. 4
V. iliolumbalis
V. lumbalis 5
V. epigastrica superfic.
V. epigastrica inf.
V. circumflexa iliaca prof.
V. iliaca externa
V. iliaca com.
V. iliaca ext.
V. circumflexa iliaca profunda
Lacuna vasorum
V. sacralis medi.
Vv. obturatoriae
V. iliaca interna
Vv. sacrales lat.
Pl. venosus sacrales
Vv. gluteae sup.
Vv. gluteae inf.
V. ovarica dext. ♀
V. ovarica sin.
Vv. pudendae ext.
Pl. venosus uterinus
Vv. uterinae
Pl. venosus vaginalis
V. pudenda int.
V. pudenda ext.
V. dors. prof. clitoridis
Vv. prof. clitoridis
V. bulbi vestibuli
Vv. labiales post.
Vv. rectales inf.
UTERUS
OVAR
Vv. dors. superf. clitoridis
Vv. labiales anteriores
VAGINA

- Entsprechend den Verhältnissen der oberen Extremität unterscheidet man beim Bein oberflächliche von tiefer liegenden Venen.

- Im Bereich des **Hiatus saphenus** münden mehrere Venen in die V. saphena magna oder die V. femoralis ein und bilden den so genannten Venenstern.

- Im Zuge einer Bypass-Operation am Herzen werden oft Teile der **V. saphena magna** oder anderer Bein- bzw. Armvenen entnommen, um damit die Umgehung des verschlossenen Gefäßes herzustellen. Es kann auch die A. mammaria interna verwendet werden.

- Sehr häufig sind die tiefen Bein- und Beckenvenen von einer Thrombose betroffen. Dieser als Phlebothrombose bezeichnete Zustand führt oftmals zu einer schweren Lungenembolie und tritt nahezu ausschließlich bei tiefen Bein- bzw. Beckenvenen auf. Bei der Reizung einer oberflächlichen Vene kann es zu einer thrombotischen Venenentzündung (Thrombophlebitis) kommen, die im Bereich des betroffenen Gefäßes einen Druckschmerz verursacht und lokale Entzündungszeichen und eine Beeinträchtigung des Allgemeinzustandes (z. B. Fieber) auslöst.

- Die **Vv. perforantes** verbinden die epifasziellen Venen des Beines mit den tiefen Beinvenen. Sie enthalten Klappen, die den Blutfluss zu den tiefen Venen ausrichten. Sind diese Klappen defekt, kehrt sich der Blutstrom um und fließt aus der Tiefe in die epifasziellen Venen, die sich daraufhin erweitern und schlängeln (Varizen). Besondere Bedeutung kommt hierbei der Venenklappe an der Einmündung der V. saphena magna in die V. femoralis zu (proximaler Insuffizienzpunkt).

Oberflächliche und tiefe Beinvenen

Oberflächliche Venen

- V. saphena magna
- V. saphena parva
- Venenenstern:
  → Vv. pudendae externae
  → V. epigastrica superficialis
  → V. circumflexa ilium superficialis

Tiefe Venen

- Vv. tibiales anteriores et posteriores
- Vv. fibulares
- V. poplitea
- V. femoralis

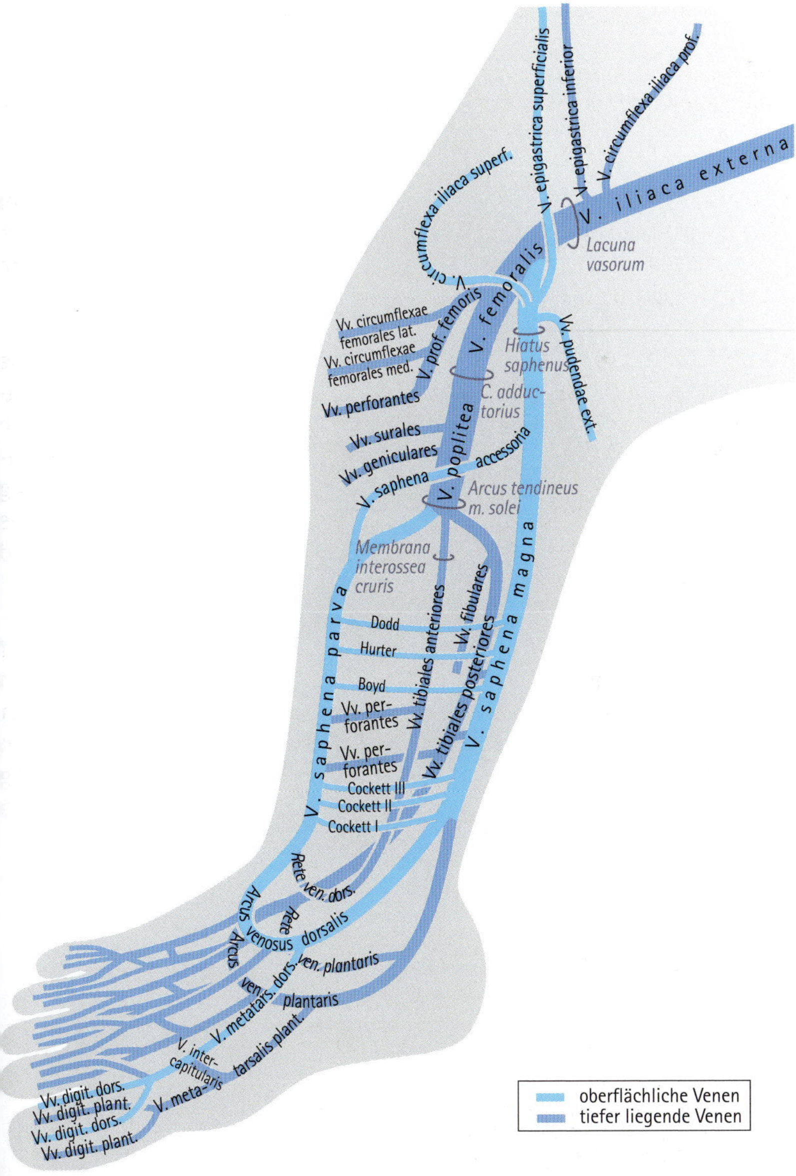
V. epigastrica superficialis
V. epigastrica inferior
V. circumflexa iliaca prof.
V. iliaca externa
V. circumflexa iliaca superf.
Lacuna vasorum
V. femoralis
V. prof. femoris
Vv. circumflexae femorales lat.
Vv. circumflexae femorales med.
Vv. pudendae ext.
Hiatus saphenus
C. adductorius
Vv. perforantes
Vv. surales
Vv. geniculares
V. saphena accessoria
V. poplitea
Arcus tendineus m. solei
Membrana interossea cruris
V. saphena parva
V. saphena magna
Vv. tibiales anteriores
Vv. fibulares
Vv. tibiales posteriores
Dodd
Hurter
Boyd
Vv. perforantes
Vv. perforantes
Cockett III
Cockett II
Cockett I
Rete ven. dors.
Arcus venosus dorsalis
Rete ven. plantaris
Arcus ven. metatars. dors.
Arcus plantaris
V. metatarsalis plant.
V. intercapitularis
V. metatarsalis plant.
Vv. digit. dors.
Vv. digit. plant.
Vv. digit. dors.
Vv. digit. plant.
oberflächliche Venen
tiefer liegende Venen

L

Die wichtigsten Lymphorgane und -knoten

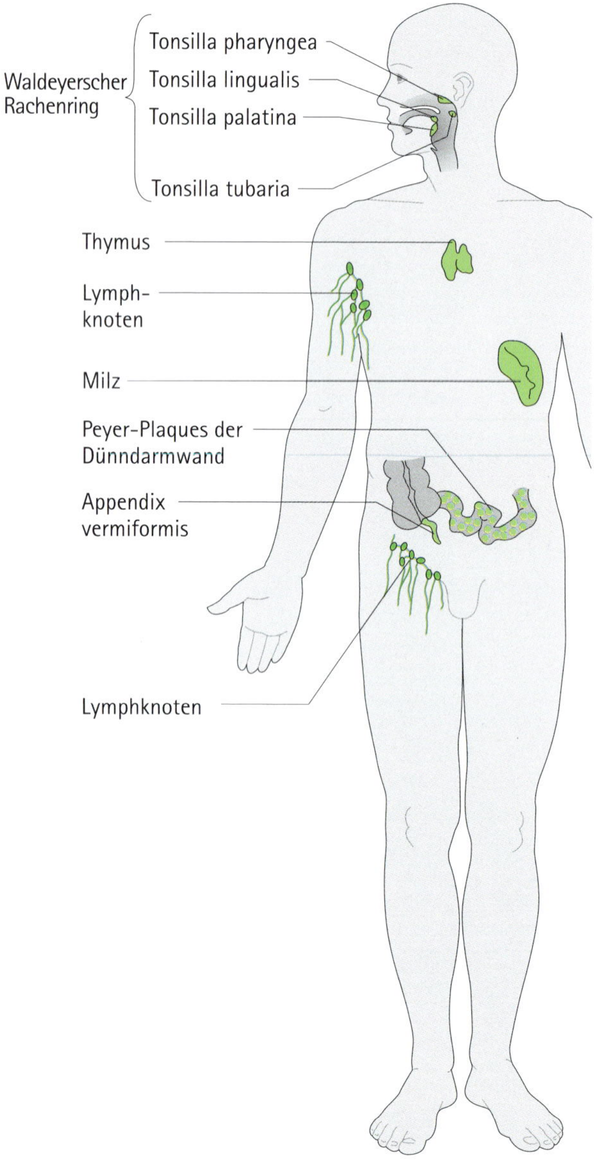

Die einzelnen Tafeln im Überblick

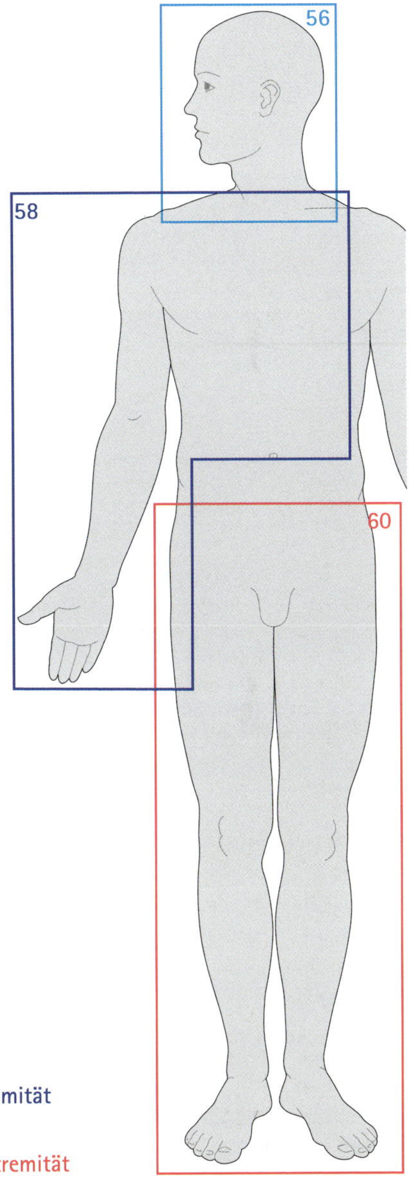

- **Lymphkapillaren** sind blindsackartige Röhren, die in der Haut beginnen Tiefe Lymphkapillaren geben Lymphe in die Präkollektoren ab, die diese dann über die Trunci lymphatici in die dünnwandigen Venen weiterleiten.

Lnn.	Einzugsgebiet	Abfluss
Lnn. occipitales	Haut der Hinterkopf- und Nackengegend	
Lnn. mastoidei	Dorsale Fläche der Ohrmuschel; Kopfhaut nahe des Processus mastoideus; Cellulae mastoideae	
Lnn. parotidei superficiales	Ventrale Fläche der Concha auriculae; Haut der Regio parietalis et frontalis; lateraler Teil von Lid und Bindehaut	Lnn. cervicales laterales profundi
Lnn. parotidei profundi	Äußerer Meatus acusticus; Cavum tympani; Glandula parotidea; Radix nasi; lateraler Teil von Lid und Bindehaut	
Lnn. submentales	Medialer Teil der Unterlippe; Kinn; Zungenspitze; Mundboden; Zahntaschen und Zahnfleisch der ventralen Zähne des Unterkiefers	Lnn. cervicales laterales profundi; Lnn. submandibulares
Lnn. submandibulares	Medialer Anteil von Lid und Bindehaut; Stirn; Nase und Nasenhöhle; Haut und Schleimhaut von Mund und Lippen; Fossa infratemporalis; ventraler Abschnitt des Nasen-Rachen-Raums; Gaumen; Zähne; Zahnfleisch; Zunge; Mundboden	Lnn. cervicales laterales profundi
Lnn. retropharyngei	Kranialer und medialer Bereich des Pharynx; Ohrtrompete; Paukenhöhle; dorsaler Teil der Nasenhöhle	
Lnn. cervicales anteriores superficiales	Haut der Ventralfläche des Halses	Lnn. cervicales laterales profundi; Lnn. cervicales anteriores profundi
Lnn. cervicales anteriores profundi		
Lnn. infrahyoidei	Kraniale Hälfte des Larynx	
Lnn. praelaryngei	Kaudale Hälfte des Larynx	
Lnn. thyroidei	Schilddrüse	
Lnn. praetracheales et paratracheales	Kaudale Hälfte des Larynx; kaudaler Teil des Halses und der Trachea	Lnn. cervicales laterales profundi
Lnn. cervicales laterales superficiales	Kaudaler Teil der Concha auriculae und der Glandula parotidea; laterale Fläche der Haut des Halses	
Lnn. cervicales laterales profundi superiores et inferiores	Alle Lymphknoten von Kopf und Hals	Truncus jugularis

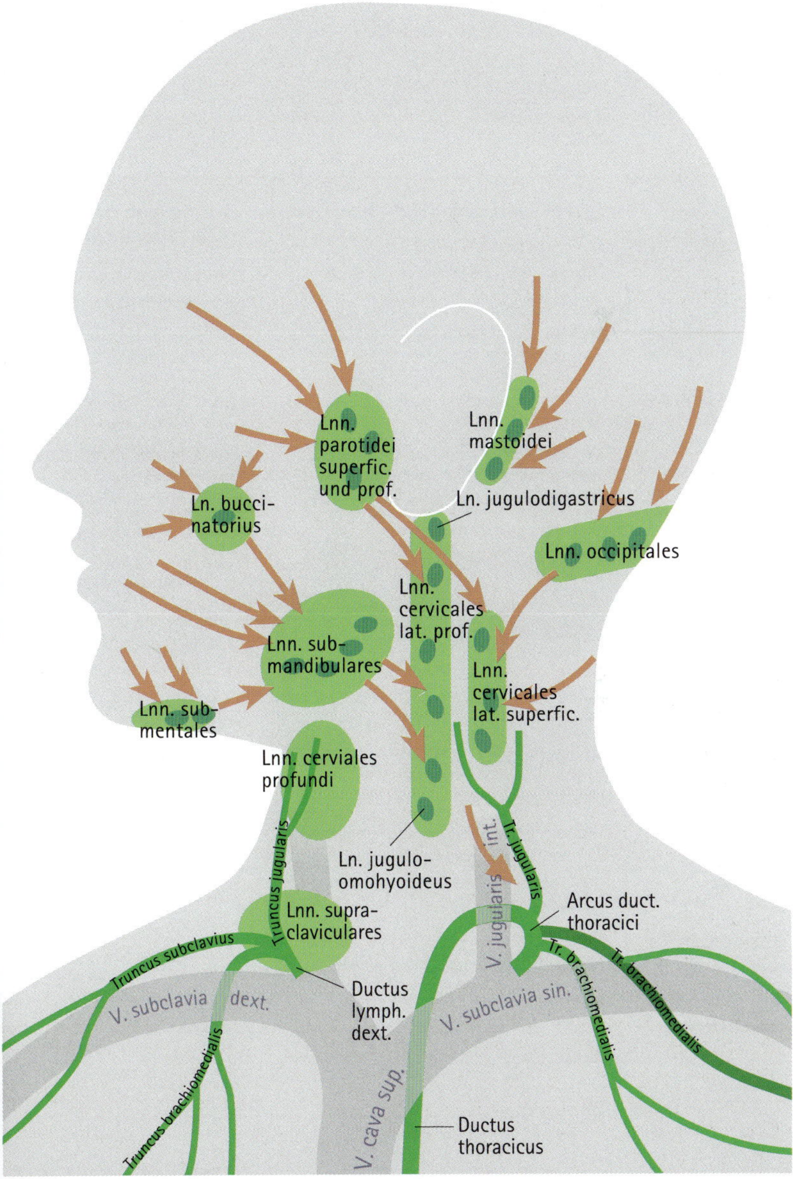
Lnn. parotidei superfic. und prof.
Lnn. mastoidei
Ln. bucci-natorius
Ln. jugulodigastricus
Lnn. occipitales
Lnn. cervicales lat. prof.
Lnn. sub-mandibulares
Lnn. cervicales lat. superfic.
Lnn. sub-mentales
Lnn. cerviales profundi
Ln. jugulo-omohyoideus
Truncus jugularis
V. jugularis int.
Tr. jugularis
Arcus duct. thoracici
Lnn. supra-claviculares
Truncus subclavius
Tr. brachiomedialis
Tr. brachiomedialis
V. subclavia dext.
Ductus lymph. dext.
V. subclavia sin.
Truncus brachiomedialis
V. cava sup.
Ductus thoracicus

Lnn.	Einzugsgebiet	Abfluss
Lnn. parasternales	Ventrale Brustwand; Mammae; Diaphragma; Zwerchfellfläche der Leber; Pleura parietalis	Ductus lymphaticus dexter; Ductus thoracicus
Lnn. intercostales	Wand der Interkostalräume; Mammae; Pleura parietalis	Ductus thoracicus; kraniale Lymphknoten rechts in den Ductus lymphaticus dexter; kaudale Lymphknoten zur Cisterna chyli
Lnn. praevertebrales	Unmittelbare Umgebung der Lnn. intercostales	Ductus thoracicus
Lnn. phrenici superiores	Pleura diaphragmatica; Diaphragma; Leber	Lnn. parasternales; Lnn. mediastinales anteriores et posteriores
Lnn. praepericardiaci	Sternum; ventrale Fläche des Perikard; Facies diaphragmatica hepatis	Lnn. parasternales; Lnn. mediastinales anteriores
Lnn. pericardiales	Perikard; Pleura mediastinales; Diaphragma; Zwerchfellfläche der Leber	Lnn. parasternales; Lnn. mediastinales anteriores
Lnn. mediastinales anteriores	Thymus; Perikard; Herz	Truncus bronchomediastinalis
Lnn. mediastinales posteriores	Lunge; Bronchien; Trachea; Oesophagus; Perikard; Herz; Pleura mediastinalis; Diaphragma; Zwerchfellfläche der Leber	Truncus bronchomediastinalis; Ductus thoracicus
Lnn. axillares profundi		
Lnn. axillares centrales	Lnn. axillares	Lnn. axillares apicales
Lnn. axillares apicales		Truncus subclavius
Lnn. axillares superficiales		
Lnn. axillares laterales	Lymphgefäße des Armes; Ausnahme: mit der V. cephalica verlaufende Lymphgefäße zu Lnn. axillares centrales et apicales	
Lnn. axillares pectorales	Ventrale, laterale Brustwand; zentraler + lateraler Teil der Mammae (z. T. via Lnn. paramammarii, Lateralrand Mamma); ventrale Bauchwand, kranial des Nabels	Plexus lymphaticus axillaris zu Lnn. axillares centrales et apicales
Lnn. axillares subscapulares	Haut und Muskeln der kranialen Nackenregion; dorsaler Schulterbereich; dorsale Brustwand	
Lnn. axillares interpectorales	Mammae	Lnn. axillares apicales
Lnn. axillares brachiales	Radialseite des Arms	Lnn. axillares laterales
Lnn. axillares cubitales	Haut der Medialseite des Unterarms	Lnn. axillares laterales

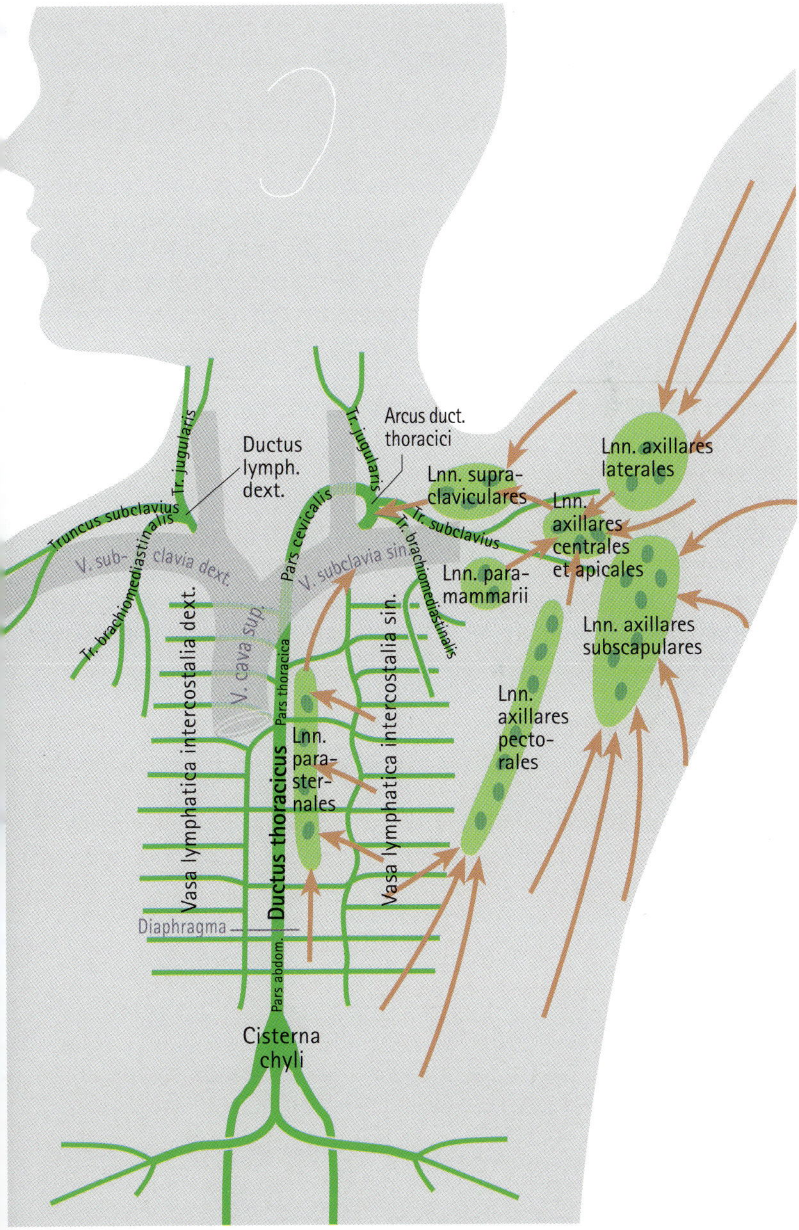
Arcus duct.
thoracici
Ductus
lymph.
dext.
Tr. jugularis
Tr. jugularis
Truncus subclavius
Tr. brachiomediastinalis
V. sub- clavia dext.
Pars cevicalis
V. subclavia sin.
Tr. subclavius
Tr. brachiomediastinalis
Lnn. supra-
claviculares
Lnn. axillares
laterales
Lnn.
axillares
centrales
et apicales
Lnn. para-
mammarii
Lnn. axillares
subscapulares
Vasa lymphatica intercostalia dext.
V. cava sup.
Pars thoracica
Vasa lymphatica intercostalia sin.
Lnn.
axillares
pecto-
rales
Lnn.
para-
ster-
nales
Ductus thoracicus
Diaphragma
Pars abdom.
Cisterna
chyli

- **Lymphgefäße 1. Ordnung** = dünnwandige Venen; **Lymphgefäße 2. Ordnung** = Präkollektoren; **Lymphgefäße 3. Ordnung** = Lymphkapillaren

- Größere Lymphgefäße besitzen Vasa vasorum und Nervengeflechte.

- Durch Filtration an den arteriellen Kapillarwänden gelangt die Lymphe in den interstitiellen Bindegewebsraum. Die **Lymphkapillaren** beginnen offen im Interstitium und setzen sich in die Vasa lymphatica fort, die untereinander vernetzt und von Lymphknoten durchsetzt sind. Die größeren Lymphstämme haben Klappen, verlaufen parallel zu den Venen und münden schließlich in das venöse System ein.

- In den **Lymphknoten** erfolgt die Filtration und Kontrolle der Lymphe. In einen Lymphknoten treten mehrere Vasa afferentia ein, aber nur ein Vas efferentia aus.

- Aufgrund des **Wandbaus der Lymphgefäße** (Basalmembran gar nicht oder atypisch vorhanden) erfolgt die Ausbreitung von Tumorzellen häufiger über das Lymphsystem (lymphogene Metastasierung) als über die Blutgefäße (hämatogene Metastasierung). Bei Tumoroperationen werden auch zugehörige regionäre Lymphknoten entfernt.

- Bei einem **Verschluss der Lymphgefäße** kommt es im betroffenen Teil des Körpers zum Stau der extrazellulären Flüssigkeit (Lymphödem).

- Bei **Entzündung der Lymphgefäße** (Lymphangitis entsteht eine streifige Rötung, die vom Infektionsherd zu den druckdolenten regionären Lymphknoten zieht.

METASTASIERUNGSWEGE IM BAUCH

• Jejunum • Ileum • Zaekum • Colon ascendens • Colon transversum	→ Lnn. mesenterici superiores

• Colon descendens • Sigmoid	→ Lnn. mesenterici inferiores
• Pars pelvica	→ Paraaortale, iliakale Lnn.
• Pars analis recti	→ Inguinale Lnn.

Lnn.	Einzugsgebiet	Abfluss
Lnn. lumbales	Diaphragma; dorsale Bauchwand; Nebenniere; Nierenbecken; Ureter; Testis; Hoden; Ovar; Tuber uterina; Uterus; Lnn. der Becken- und Bauchwand und der unteren Extremität	Truncus lumbalis; Truncus intestinalis
Lnn. epigastrici inferiores	Versorgungsgebiet der A. epigastrica inferior	Lnn. iliaci externi
Lnn. coeliaci	Lymphknoten von Magen, Ileum, Jejunum, Leber, Gallenblase, Pankreas und Milz	Truncus intestinalis
Lnn. phrenici inferiores	Diaphragma; Leber	Ductus thoracicus
Lnn. gastrici sinistri et dextri	Abdominaler Teil von Oesophagus; Magen, im Bereich der Curvatura ventriculi minor	Lnn. coeliaci; Lnn. praeaortici; Lnn. aortici laterales; Trunci lumbales; Trunci intestinales
Lnn. gastroomentales dextri et sinistri	Magen; Omentum majus	Lnn. pylorici et hepatici; Lnn. praeaortici; Lnn. pancreatici superiores; Lnn. aortici laterales; Trunci intestinalis
Lnn. pylorici	Pars pylorica gastricae; Duodenum; kranialer Teil des Pankreas	Lnn. hepatici; Lnn. coeliaci; Lnn. praeaortici
Lnn. pancreatici superiores	Pankreas; Duodenum; Milz	Lnn. aortici laterales; Lnn. praeaortici; Trunci intestinalis
Lnn. pancreatici inferiores	Pankreas; Duodenum	Lnn. aortici laterales; Lnn. praeaortici; Lnn. mesenterici superiores; Trunci intestinalis
Lnn. pancreaticoduodenales superiores et inferiores	Kranialer Teil des Pankreas; Duodenum	Lnn. hepatici; Lnn. mesenterici superiores
Lnn. hepatici	Lymphknoten der Organe des Oberbauchs	Lnn. coeliaci; Lnn. praeaortici; Lnn. aortici laterales; Trunci intestinalis
Lnn. mesenterici superiores	Mediale Gruppe der Mesenteriallymphknoten	Lnn. coeliaci; Lnn. praeaortici; Lnn. aortici laterales; Trunci intestinalis
Lnn. mesenterici inferiores	Jejunum; Ileum	Mediale Gruppe der Mesenteriallymphknoten
Lnn. ileocolici	Terminales Ileum; Caecum; Appendix vermiformis	Lnn. mesenterici superiores; Truncus intestinalis
Lnn. mesenterici inferiores	Lnn. colici sinistri; Lnn. sigmoidei; Lnn. rectales superiores	Lnn. praeaortici; Trunci intestinalis
Lnn. mesocolici		
Lnn. paracolici	Colon ascendens; Colon transversum; Colon descendens	Lnn. colici dextri, sinistri et medii
Lnn. colici dextri et medii	Lnn. paracolici des Colon ascendens et transversum	Lnn. mesenterici superiores; Trunci intestinales
Lnn. colici sinistri	Lnn. paracolici des Colon descendens	Lnn. mesenterici inferiores; Lnn. praeaortici; Lnn. aortici laterales; Trunci intestinales

- Ein **Lymphangion** ist ein von Klappen begrenztes Segment eines Lymphgefäßes, das den Abfluss fördert. Die Propulsion wird innerhalb des Lymphgefäßes durch Dehnungsreize und durch Kontraktionen der umliegenden Skelettmuskulatur gefördert.

L

- Anzahl der Kontraktionen der Lymphgefäße: ca. 6–12/min

- Fließgeschwindigkeit: ca. 1,5 ml/min

Lnn.	Einzugsgebiet	Abfluss
Lnn. iliaci communes mediales	Medialer Teil Ureter; Beckenorgane; Bauchwand unterhalb des Nabels; Hüft- und Gesäßmuskulatur; Lnn. iliaci externi et interni	Lnn. lumbales; Trunci lumbales
Lnn. iliaci externi	Harnblase; Vagina; Lnn. inguinales profundi; Lnn. epigastrici; Lnn. iliaci externi	Lnn. iliaci communes
Lnn. iliaci interni	Beckenorgane; Beckenwand; tiefe Bereiche des Dammes; Urethra	Lnn. iliaci communes
Lnn. paravesicales	Harnblase; Prostata	Lnn. iliaci interni
Lnn. parauterini	Cervix uteri	Lnn. iliaci communes
Lnn. paravaginales	Kaudaler Teil der Vagina	Lnn. iliaci interni
Lnn. pararectales	Distaler Teil des Rektum	Lnn. iliaci interni
Lnn. inguinales superficiales (horizontale Kette; vertikale Kette)	Rumpfwand kaudal des Nabels; Gesäßgegend; Damm; äußeres Genitale; Fundus uteri; untere Extremität; Haut des Beines	Lnn. inguinales profundi; Lnn. iliaci externi
Lnn. inguinales profundi	Tiefe Teile des Beines; Corpus et Glans penis/clitoridis; Labium minus pudendi; Lnn. poplitei profundi et inguinales superficiales	Lnn. iliaci externi
Lnn. poplitei superficiales	Lateraler Fußrand; Wade	Lnn. poplitei profundi
Lnn. poplitei profundi	Tiefe Vasa lymphatica von Fuß, Unterschenkel und Articulatio genus; Lnn. poplitei superficiales	Lnn. inguinales profundi

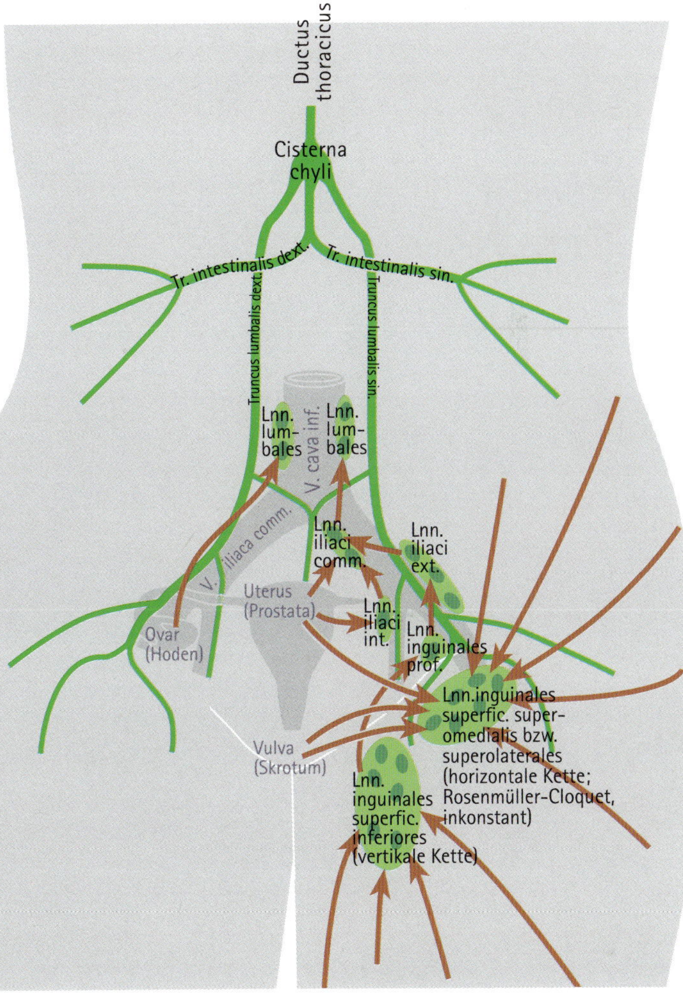
Ductus thoracicus
Cisterna chyli
Tr. intestinalis dext.
Tr. intestinalis sin.
Truncus lumbalis dext.
Truncus lumbalis sin.
V. cava inf.
Lnn. lumbales
Lnn. lumbales
V. iliaca comm.
Lnn. iliaci comm.
Lnn. iliaci ext.
Uterus (Prostata)
Lnn. iliaci int.
Ovar (Hoden)
Lnn. inguinales prof.
Lnn.inguinales superfic. superomedialis bzw. superolaterales (horizontale Kette; Rosenmüller-Cloquet, inkonstant)
Vulva (Skrotum)
Lnn. inguinales superfic. inferiores (vertikale Kette)

H

Die zwölf Hirnnerven

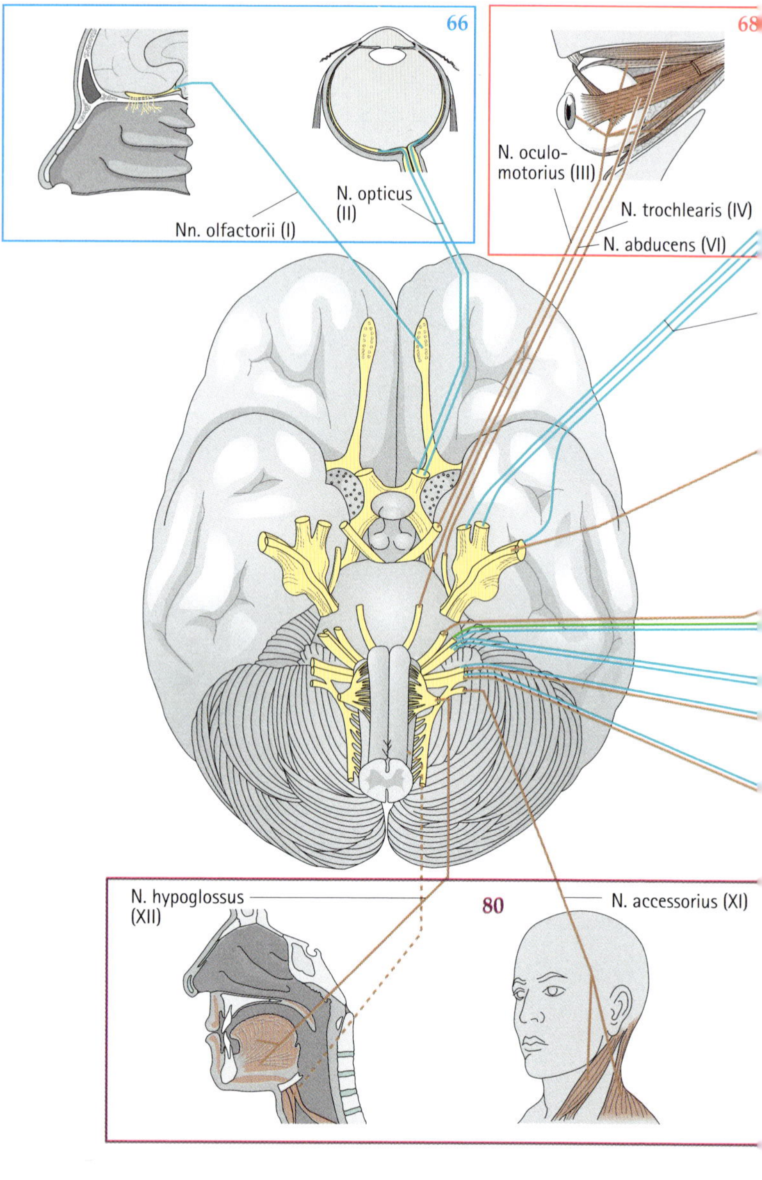

Die einzelnen Tafeln im Überblick

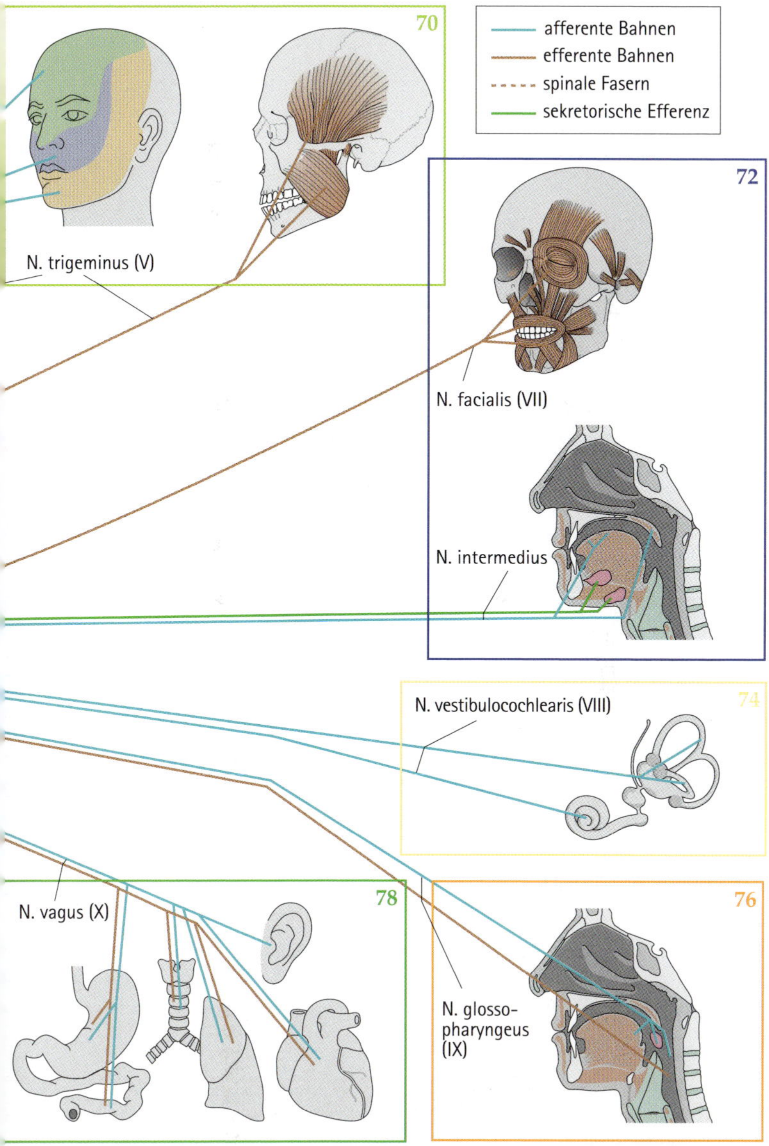

- Der **N. olfactorius (HN I)** ist Teil des Telencephalons und ist daher, bezogen auf seinen Aufbau, kein typischer Hirnnerv.

- Nach Schädigung der Riechsinneszellen (z. B. durch Hitze) erfolgt die Regeneration aus neuronalen Stammzellen, die in der basalen Schicht der Riechschleimhaut liegen.

- Das erste Neuron der Riechbahn ist die bipolare Rezeptorzelle in der Riechschleimhaut, deren olfaktorische Zilien in die Schleimschicht ragen.

- Der **N. opticus (HN II)** ist ein vorgeschobener Teil des Diencephalons und enthält das dritte Neuron der Sehbahn.

- Die A. centralis retinae tritt in den distalen Bereich des N. opticus ein und zweigt sich an der Papilla n. optici in ihre Endäste auf, die an der inneren Netzhaut verlaufen.

- Eine Schädigung der Retina bzw. des N. opticus rostral des Chiasma opticum äußert sich in Ausfällen des Gesichtsfeldes auf der Seite des betroffenen Auges. Eine Läsion des Chiasma opticum (z. B. infolge von Druckatrophie durch einen Hypophysentumor) bewirkt meist den Ausfall des temporalen Gesichtsfeldes beider Augen (so genannte Scheuklappenblindheit = heteronyme Hemianopsie).

- Sind der Tractus opticus, das Corpus geniculatum laterale, die Sehstrahlung oder der visuelle Cortex geschädigt, führt dies zum Ausfall des jeweils kontralateralen Gesichtsfeldes beider Augen. Ursache dieser homonymen Hemianopsie können z. B. Traumen oder ein Hirninfarkt im Bereich der A. cerebri media sein.

- Die Bestimmung des Gesichtsfeldes mit einem Perimeter ist ein wichtiges diagnostisches Hilfsmittel bei Läsionen der Sehbahn, welches eine Einschätzung der Lokalisation der Schädigung erlaubt.

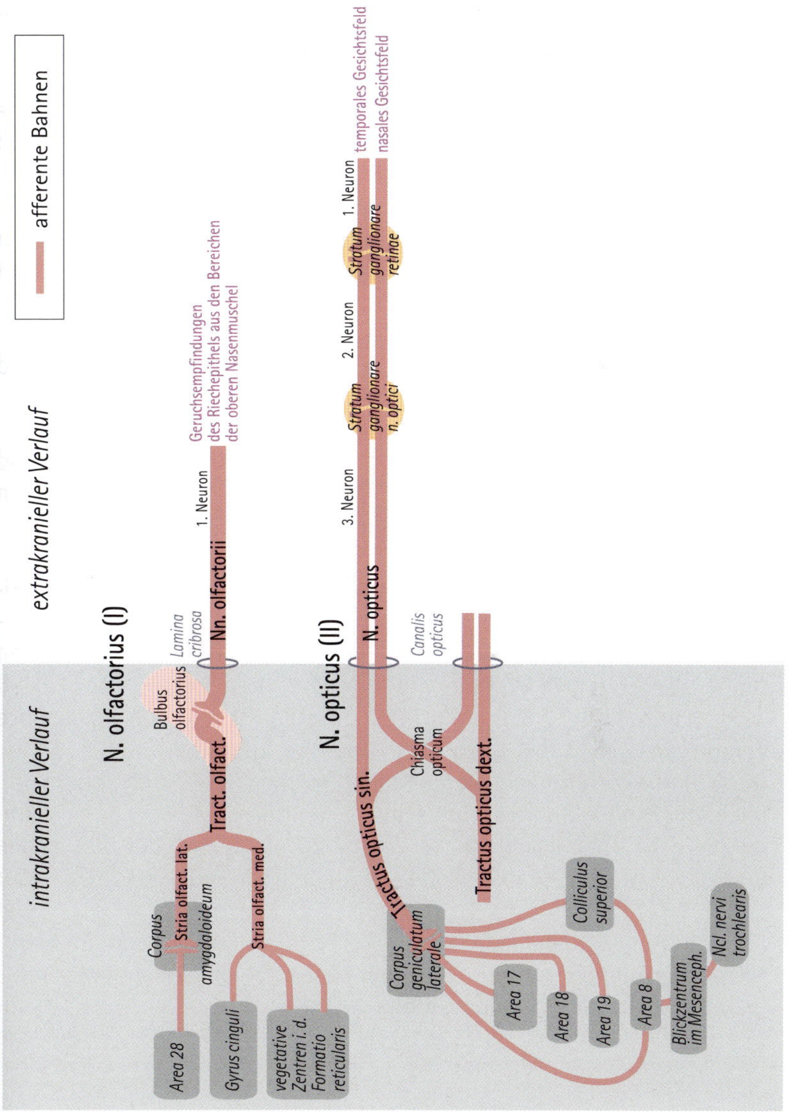
afferente Bahnen
extrakranieller Verlauf
intrakranieller Verlauf
N. olfactorius (I)
Lamina cribrosa
Bulbus olfactorius
Nn. olfactorii
1. Neuron
Geruchsempfindungen des Riechepithels aus den Bereichen der oberen Nasenmuschel
Tract. olfact.
Stria olfact. lat.
Stria olfact. med.
Corpus amygdaloideum
Area 28
Gyrus cinguli
vegetative Zentren i. d. Formatio reticularis
N. opticus (II)
N. opticus
Canalis opticus
3. Neuron
2. Neuron
1. Neuron
Stratum ganglionare n. optici
Stratum ganglionare retinae
temporales Gesichtsfeld
nasales Gesichtsfeld
Chiasma opticum
Tractus opticus sin.
Tractus opticus dext.
Corpus geniculatum laterale
Colliculus superior
Area 17
Area 18
Area 19
Area 8
Blickzentrum im Mesenceph.
Ncl. nervi trochlearis

- Der **N. oculomotorius (HN III)** kann, vor allem bei einer Verlagerung des Gehirns zur Seite, gegen die Kante des Tentorium cerebelli gequetscht werden. Dabei fallen zunächst seine parasympathischen (einseitig weite Pupille), später auch die motorischen Anteile aus (Doppelbilder). Da Fasern des N. oculomotorius auch den M. levator palpebrae innervieren, kann aus einer Schädigung auch ein schlaff herunter hängendes Augenlid resultieren (Ptosis). Bei anhaltender Verlagerung des Gehirns gegen die Tentoriumkante droht eine obere Einklemmung. Dabei kommt es zu einer Verletzung des Hirnstamms, der ebenfalls gegen die Tentoriumskante gedrückt wird.

- Der **N. trochlearis (HN IV)** tritt als einziger Hirnnerv dorsal, nahe der Colliculi inferior aus dem Hirnstamm aus. Kein anderer Hirnnerv außer ihm kreuzt auf die Gegenseite. Er innerviert den M. obliquus superior auf der jeweils kontralateralen Seite.

- Liegt eine Trochlearislähmung vor, äußert sich dies bei einseitiger Manifestation während der Adduktion durch Abweichung des paretischen Auges nach oben. Sind beide Seiten betroffen, kommt es u. a. zur Vertikalabweichung beider Augen.

- Der **N. abducens (HN VI)** innerviert den M. rectus lateralis. Fällt er aus, weist das betroffene Auge ein Abduktionsdefizit auf, d. h. beim Blick gerade aus weicht das Auge nach innen ab. Ursachen hierfür können Durchblutungsstörungen, lokale Kompressionen, Infektionen oder Komplikationen nach neurochirurgischen Eingriffen sein. Der lange extradurale, aber noch intrakranielle Verlauf ist ein Faktor, der den frühen Ausfall des M. rectus lateralis bei steigendem Hirndruck erklärt.

- Alle drei Augenmuskelnerven verlaufen ein stückweit in unmittelbarer Beziehung zum Sinus cavernosus und können bei Infektionen des Sinus in Mitleidenschaft gezogen werden.

N. OCULOMOTORIUS

Der HN III innerviert die äußeren Augenmuskeln mit Ausnahme von M. rectus lateralis und M. obliquus bulbi superior.

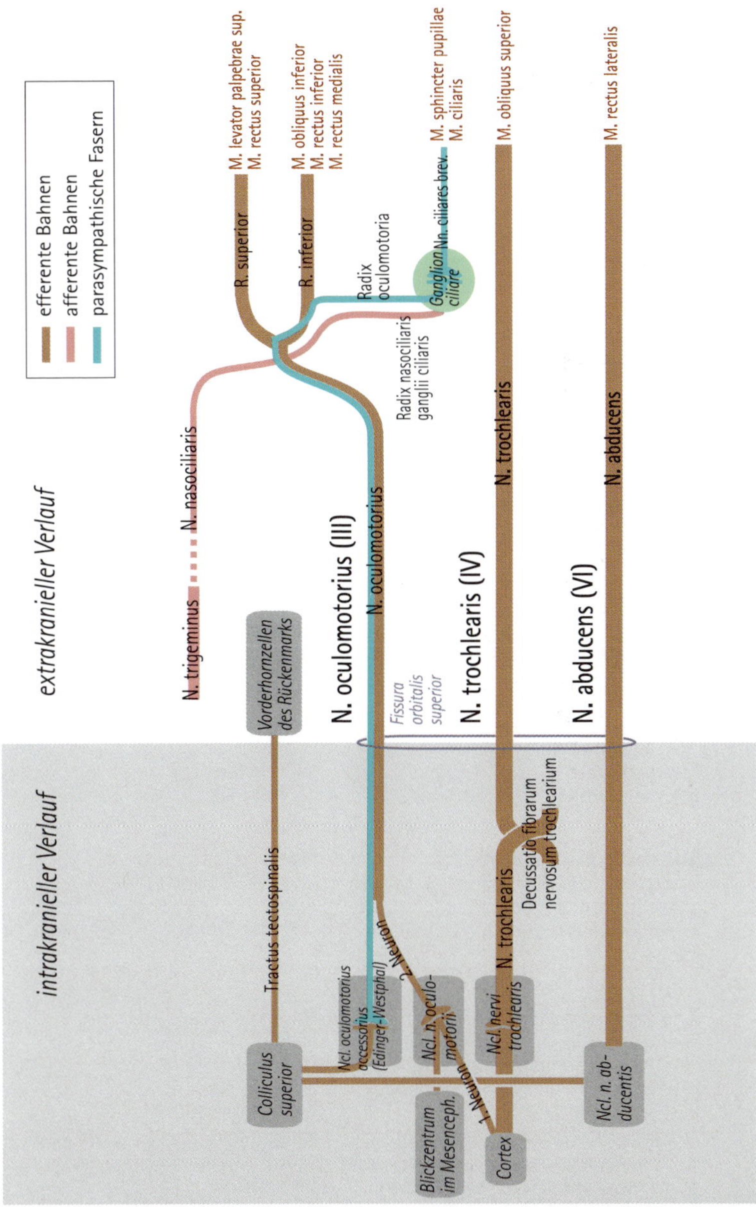
efferente Bahnen
afferente Bahnen
parasympathische Fasern
extrakranieller Verlauf
intrakranieller Verlauf
N. trigeminus
N. nasociliaris
Vorderhornzellen des Rückenmarks
N. oculomotorius (III)
N. oculomotorius
Fissura orbitalis superior
N. trochlearis (IV)
N. trochlearis
N. abducens (VI)
N. abducens
R. superior
R. inferior
M. levator palpebrae sup.
M. rectus superior
M. obliquus inferior
M. rectus inferior
M. rectus medialis
Radix oculomotoria
Radix nasociliaris ganglii ciliaris
Ganglion ciliare
Nn. ciliares brev.
M. sphincter pupillae
M. ciliaris
M. obliquus superior
M. rectus lateralis
Tractus tectospinalis
Colliculus superior
Ncl. oculomotorius accessorius (Edinger-Westphal)
Ncl. n. oculomotorii
Ncl. nervi trochlearis
Ncl. n. abducentis
Blickzentrum im Mesenceph.
Cortex
1. Neuron
2. Neuron
Decussatio fibrarum nervosum trochlearium

- Der **N. trigeminus (HN V)** hat einen somatoafferenten und einen kleineren somatoefferenten Anteil. Der efferente Teil innerviert die Kaumuskulatur motorisch, der afferente Teil versorgt das Gesicht und die Hirnhäute sensibel.

- Die Rr. alveolares superiores des N. maxillaris versorgen sowohl die Schleimhaut des Sinus maxillaris als auch die Zähne des Oberkiefers durch afferente Bahnen, d. h. sie übernehmen die sensible Versorgung dieses Bereichs. Eine Entzündung der Kieferhöhle kann in Folge dessen als Zahnschmerz empfunden, und Zahnschmerzen können als Schmerzen in der Kieferhöhle wahrgenommen werden.

H

Innervation der Kaumuskulatur

Der N. masticatorius des N. mandibularis innerviert alle Kaumuskeln.

Äste des N. trigeminus und ihre Durchtrittspunkte

Äste des N. ophthalmicus (HN V1) N. **front**alis, N. **naso**ciliaris, N. **la**crimalis	**Oft** **frönt** das **Nas**horn **La**stern.
Foramen **ovale** → N. **mand**ibularis Foramen **rot**undum → N. **max**illaris	1. **Ovale Mand**eln 2. **rot**er **Max**
Äste des N. maxillaris (HN V2) N. **z**ygomaticus, R. **m**eningeus, N. **infra-orbitalis**, N. **pterygo**palatinus, Nn. **palatini**, Nn. **alveolaris** superior/posterior/medius/anterior	**Max** **z**eigt **M**oritz **unter** den **Augen** von **Terry** seinen **Gaumen** und **vier Zähne**.
Äste des N. mandibularis (HN V3) **Kau**muskulatur innervierende (N. masseterícus, N. temporalis profundus, N. pterygoideus medialis/lateralis), N. **li**ngualis, N. **t**ensor tympani, R. **me**ningeus, N. **uri**culotemporalis, N. **t**emporalis profundus, N. **b**uccinator, N. **m**ylohyoideus, N. mentalis (**Kin**n)	**Mand**eln **kau**en **li**efert **t**atsächlich **me**hr **uri**ge **t**olle **B**acken, **m**ein **Kin**d.

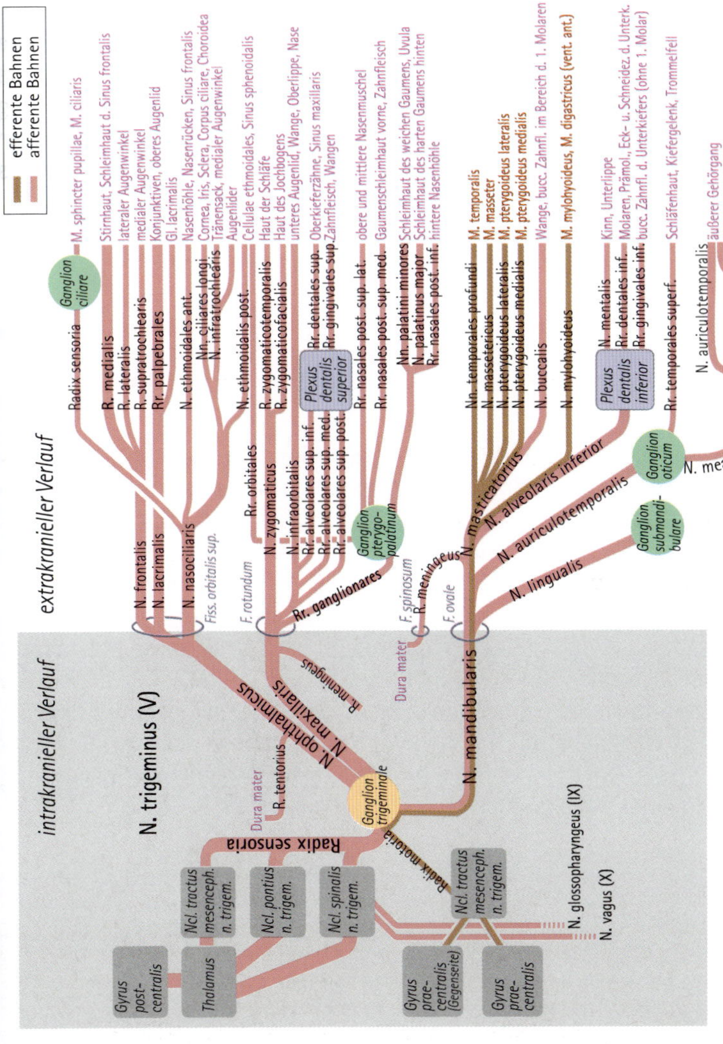
efferente Bahnen
afferente Bahnen
intrakranieller Verlauf
extrakranieller Verlauf
N. trigeminus (V)
Gyrus post-centralis
Thalamus
Ncl. tractus mesenceph. n. trigem.
Ncl. pontius n. trigem.
Ncl. spinalis n. trigem.
Gyrus prae-centralis (Gegenseite)
Gyrus prae-centralis
N. glossopharyngeus (IX)
N. vagus (X)
Radix sensoria
Radix motoria
Ganglion trigeminale
Dura mater
R. tentorius
N. ophthalmicus
N. maxillaris
R. meningeus
N. mandibularis
Fiss. orbitalis sup.
F. rotundum
F. spinosum
F. ovale
N. frontalis
N. lacrimalis
N. nasociliaris
R. medialis
R. lateralis
R. supratrochlearis
Rr. palpebrales
N. ethmoidales ant.
Nn. ciliares longi
N. infratrochlearis
N. ethmoidalis post.
Radix sensoria
Ganglion ciliare
M. sphincter pupillae, M. ciliaris
Stirnhaut, Schleimhaut d. Sinus frontalis
lateraler Augenwinkel
medialer Augenwinkel
Konjunktiven, oberes Augenlid
Gl. lacrimalis
Nasenhöhle, Nasenrücken, Sinus frontalis
Cornea, Iris, Sclera, Corpus ciliare, Choroidea
Tränensack, medialer Augenwinkel
Augenlider
Cellulae ethmoidales, Sinus sphenoidalis
Rr. orbitales
N. zygomaticus
N. zygomaticotemporalis
N. zygomaticofacialis
N. infraorbitalis
Rr. alveolares sup. inf.
Rr. alveolares sup. med.
Rr. alveolares sup. post.
Plexus dentalis superior
Rr. dentales sup.
Rr. gingivales sup.
Rr. ganglionares
Ganglion pterygo-palatinum
Rr. nasales post. sup. lat.
Rr. nasales post. sup. med.
Nn. palatini minores
N. palatinus major
Rr. nasales post. inf.
Haut der Schläfe
Haut des Jochbogens
unteres Augenlid, Wange, Oberlippe, Nase
Oberkieferzähne, Sinus maxillaris
Zahnfleisch, Wangen
obere und mittlere Nasenmuschel
Gaumenschleimhaut vorne, Zahnfleisch
Schleimhaut des weichen Gaumens, Uvula
Schleimhaut des harten Gaumens hinten
hintere Nasenhöhle
R. meningeus
N. masticatorius
Nn. temporales profundi
N. massetericus
N. pterygoideus lateralis
N. pterygoideus medialis
N. buccalis
N. mylohyoideus
M. temporalis
M. masseter
M. pterygoideus lateralis
M. pterygoideus medialis
Wange, bucc. Zahnfl. im Bereich d. 1. Molaren
M. mylohyoideus, M. digastricus (vent. ant.)
N. alveolaris inferior
Plexus dentalis inferior
N. mentalis
Rr. dentales inf.
Rr. gingivales inf.
Kinn, Unterlippe
Molaren, Prämol., Eck- u. Schneidez. d. Unterk.
bucc. Zahnfl. d. Unterkiefers (ohne 1. Molar)
N. auriculotemporalis
Ganglion oticum
Rr. temporales superf.
Schläfenhaut, Kiefergelenk, Trommelfell
N. auriculotemporalis
äußerer Gehörgang
Plexus tympa-nicus
N. meatus acusticus ext.
N. lingualis
Ganglion submandi-bulare

- Der **N. facialis (HN VII)** ist ein branchiogener Hirnnerv (Kiemenbogennerv), der sich aus dem Hyoidbogen entwickelt. Er führt motorische Fasern zur Innervation der mimischen Muskulatur sowie als **N. intermedius** Geschmacksfasern und sekretorische Fasern.

- Der N. facialis kann im Bereich des Plexus intraparotideus durch einen Tumor der Ohrspeicheldrüse geschädigt werden. Das erste Symptom eines solchen Tumors ist deshalb oft eine Fazialisparese.

- Wird der N. facialis an verschiedenen Stellen geschädigt, kommt es zu jeweils charakteristischen Ausfallerscheinungen. Liegt die Schädigung hinter dem Austritt des Nervs durch das Foramen stylomastoideum (periphere Fazialislähmung), fällt die gesamte mimische Muskulatur der betroffenen Seite aus. Aus einer Läsion, die intrakraniell vor dem Abgang der Chorda tympani lokalisiert ist, resultieren zusätzlich Störungen der Geschmacksempfindung und der Speicheldrüsensekretion.

- Ist der N. facialis vor Abgabe des N. stapedius beeinträchtigt, kommt es zusätzlich zu einer Hyperakusis. Bei Schädigung vor dem Ganglion geniculi resultiert eine verminderte Tränendrüsenaktivität. Liegt eine Kleinhirnbrückenwinkelläsion vor (z. B. infolge eines Tumors), ist häufig auch der N. vestibulocochlearis betroffen. Bei einer zentralen Fazialisschädigung (z. B. Unterbrechung der kortikonukleären Fasern für den Nucleus facialis durch einen Schlaganfall) ist die mimische Muskulatur der kontralateralen Seite gelähmt, M. frontalis und M. orbicularis oculi der ipsilateralen Seite sind jedoch intakt. Liegt bei einem Patienten eine zentrale Fazialislähmung vor, kann er demnach noch auf einer Seite die Stirn runzeln, bei einer peripheren Läsion sind dagegen alle mimischen Muskeln einer Seite gelähmt.

DIE ÄSTE DES N. FACIALIS

Rr. **t**emporales, Rr. **z**ygomatici,	**T**o **Z**anzibar
Rr. **b**uccales, R. **m**arginalis,	**b**y **m**otor-
R. **c**olli, N. **a**uricularis posterior	**ca**r,
mit R. **o**ccipitalis	**o**k?

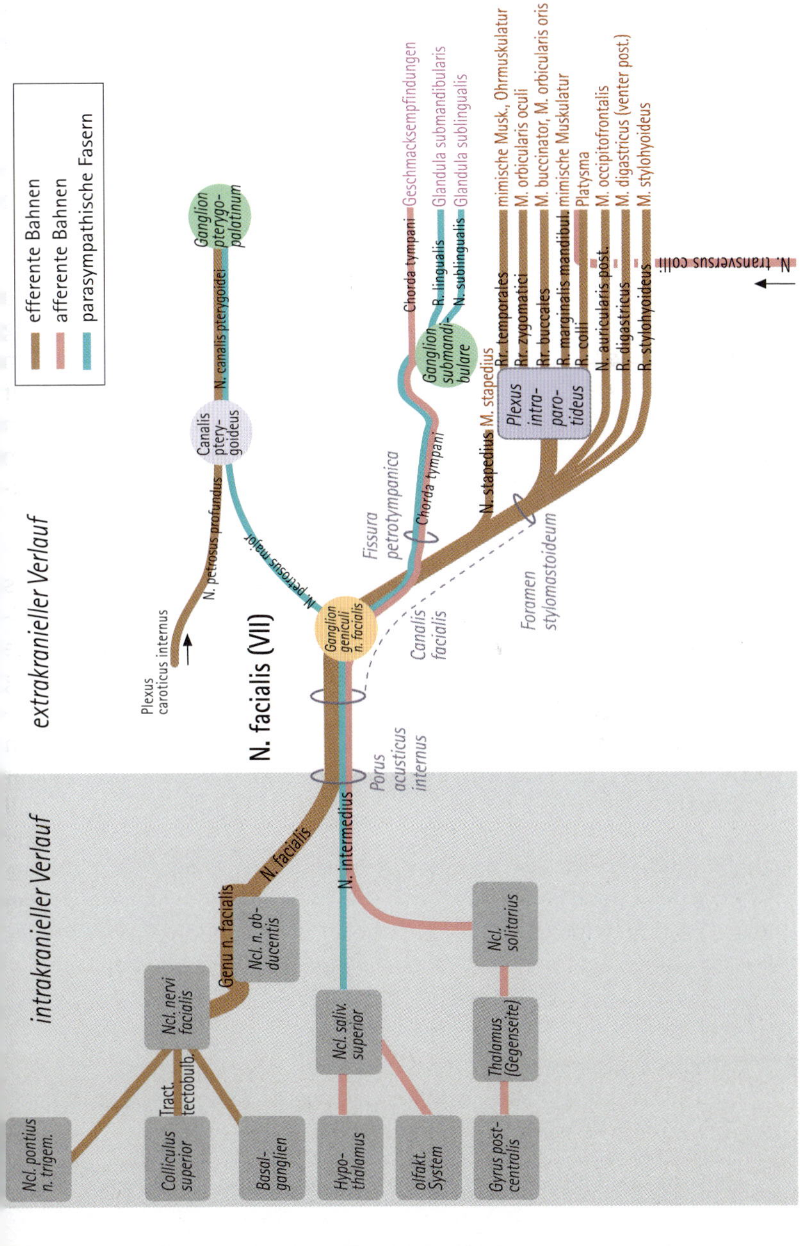
efferente Bahnen
afferente Bahnen
parasympathische Fasern
intrakranieller Verlauf
extrakranieller Verlauf
N. facialis (VII)
Ncl. pontius n. trigem.
Colliculus superior
Tract. tectobulb.
Basalganglien
Ncl. nervi facialis
Genu n. facialis
Ncl. n. abducentis
N. facialis
Hypothalamus
olfakt. System
Ncl. saliv. superior
N. intermedius
Gyrus postcentralis
Thalamus (Gegenseite)
Ncl. solitarius
Porus acusticus internus
Ganglion geniculi n. facialis
Plexus caroticus internus
N. petrosus profundus
N. petrosus major
Canalis pterygoideus
N. canalis pterygoidei
Ganglion pterygopalatinum
Canalis facialis
Fissura petrotympanica
Chorda tympani
Ganglion submandibulare
R. lingualis
N. sublingualis
Geschmacksempfindungen
Glandula submandibularis
Glandula sublingualis
Foramen stylomastoideum
N. stapedius
M. stapedius
Plexus intraparotideus
Rr. temporales
Rr. zygomatici
Rr. buccales
R. marginalis mandibul.
R. colli
N. auricularis post.
R. digastricus
R. stylohyoideus
mimische Musk., Ohrmuskulatur
M. orbicularis oculi
M. buccinator, M. orbicularis oris
mimische Muskulatur
Platysma
M. occipitofrontalis
M. digastricus (venter post.)
M. stylohyoideus
N. transversus colli

- Der **N. vestibulocochlearis (HN VIII)** ist ein rein sensorischer Nerv, de akustische und statische Informationen an höhere Zentren weiterleitet Die Stationen der Hörbahn sind:
  1. Neuron im Ganglion cochleare des Corti-Organs
  2. Neuron im Nucleus cochlearis anterior und Nucleus cochlearis posterior
  3. Neuron in den Colliculi inferiores bzw. in den Nuclei lemnisci laterales
  4. Neuron im Corpus geniculatum mediale

- Die Hörbahn ist tonotop gegliedert. Die akustische Information wird ar die primäre und sekundäre Hörrinde übermittelt.

- Bei Schädigung des N. vestibulocochlearis können Hörminderung Ohrgeräusche und systematischer Schwindel mit Übelkeit auftreten Taubheit auf einer Körperseite tritt auf, wenn ipsilateral das Ganglior cochleare oder die Nuclei cochleares ausgefallen sind. Ist die Hörbahr beidseitig unterbrochen, kommt es zur zentral bedingten Taubheit.

- Der N. vestibulocochlearis neigt zur Bildung gutartiger Akustikus neurinome, die an seiner Austrittsstelle im Kleinhirnbrückenwinke schwer zugänglich und deshalb schlecht zu operieren sind.

- In den Nuclei vestibulares werden Informationen über die Stellung vor Kopf, Augen und Extremitätengelenken integriert. Die in den vie Kerngebieten gelegenen 2. Neuronen projizieren zum Kleinhirn, zu Motoneuronen des Rückenmarks, zur Formatio reticularis und zu der Augenmuskelkernen.

- Kopfbewegungen können durch Augenbewegungen kompensiert werden Beim vestibulookulären Reflex (VOR) sind Kopf- und Augenbewegung ent-gegengesetzt; er ist auch bei Bewusstlosigkeit vorhanden. Optokinetische Reflexe (OKN) ergänzen den VOR und wirken auf die Vestibulariskerne.

Pathologische Formen des Nystagmus (unwillkürliches Augenzittern)

- Vestibulärer, richtungsbestimmter Nystagmus bei einseitiger akuter Labyrinth-störung (z. B. peripherer Lagerungsschwindel)
- Rotierender Spontannystagmus bei Läsionen der Medulla oblongata
- Blickrichtungsnystagmus bei MS, Intoxikationen/Tumor in hinterer Schädelgrube

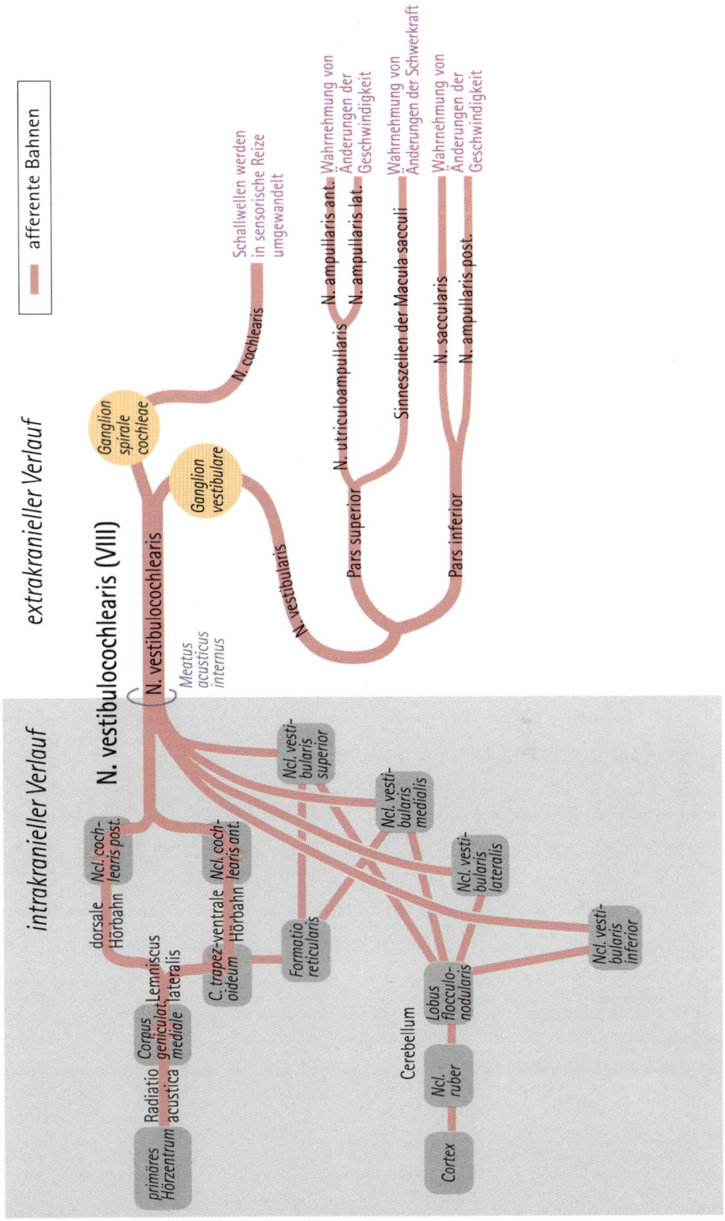
afferente Bahnen
extrakranieller Verlauf
intrakranieller Verlauf
N. vestibulocochlearis (VIII)
N. vestibulocochlearis
Meatus acusticus internus
Ganglion spirale cochleae
N. cochlearis
Schallwellen werden in sensorische Reize umgewandelt
Ganglion vestibulare
N. vestibularis
Pars superior
N. utriculoampullaris
N. ampullaris ant.
N. ampullaris lat.
Wahrnehmung von Änderungen der Geschwindigkeit
Sinneszellen der Macula sacculi
Wahrnehmung von Änderungen der Schwerkraft
Pars inferior
N. saccularis
N. ampullaris post.
Wahrnehmung von Änderungen der Geschwindigkeit
Ncl. cochlearis post.
Ncl. cochlearis ant.
dorsale Hörbahn
ventrale Hörbahn
C. trapezoideum
Lemniscus lateralis
Corpus geniculat. mediale
Radiatio acustica
primäres Hörzentrum
Formatio reticularis
Ncl. vestibularis superior
Ncl. vestibularis medialis
Ncl. vestibularis lateralis
Ncl. vestibularis inferior
Lobus flocculonodularis
Cerebellum
Ncl. ruber
Cortex

- Der **N. glossopharyngeus (HN IX)** ist ein gemischter Nerv, der neben sensi blen und motorischen Anteilen auch Geschmacksfasern führt. Er versorg sensibel das Mittelohr, Teile der Zunge und des Pharynx und motorisch di Muskeln des Pharynx. Die sekretorischen Fasern ziehen als N. petrosu minor zum Ganglion oticum und von dort aus zur Ohrspeicheldrüse. Mi den Geschmacksfasern werden gustatorische Informationen von de Zungenbasis zum Nucleus tractus solitarius geleitet.

- Er ist außerdem am afferenten Schenkel des Karotissinusreflexes betei ligt, indem er Impulse der Mechanosensoren des Sinus caroticus un der Chemorezeptoren des Glomus caroticum zur Medulla oblongata un zum Nucleus dorsalis nervi vagi leitet. Vom dorsalen Vaguskern laufe Fasern zum Herzen (efferenter Schenkel des Sinusreflexes), um übe eine Änderung der Schlagfrequenz den Blutdruck zu normalisieren.

- Der R. sinus carotici des N. glossopharyngeus kann Informationen übe den Atemgasgehalt des arteriellen Blutes zum Gehirn leiten und s reflektorisch Atemtiefe und Atemfrequenz beeinflussen.

- Infolge von Diphtherie, Tumoren oder Schädelbasisfrakturen kann es zu Lähmung des N. glossopharyngeus kommen, wobei meist auch de N. vagus betroffen ist. Folgen sind, neben Lähmung des Gaumensegel und Aufhebung des Würgereflexes, ein Wegfall der Geschmacksempfin dung im hinteren Drittel der Zunge.

- Ein Krampf der vom N. glossopharyngeus innervierten Pharynxmuskulatu kann z. B. durch eine Tetanus- oder Tollwutinfektion ausgelöst werden.

- Bei der Glossopharyngeusneuralgie treten Schmerzen im Bereich vo Zungenbasis, Tonsillen, Hypopharynx und in der Ohrregion auf.

VIER HIRNNERVEN BESITZEN PARASYMPATHISCHE FASERN

HN III (**drei**)	**Drei**
HN VII (**sieb**en)	**Sieb**tklässler
HN IX (**neu**n)	hatten **neu**lich
HN X (**z**eh**n**)	**Z**ahnweh.

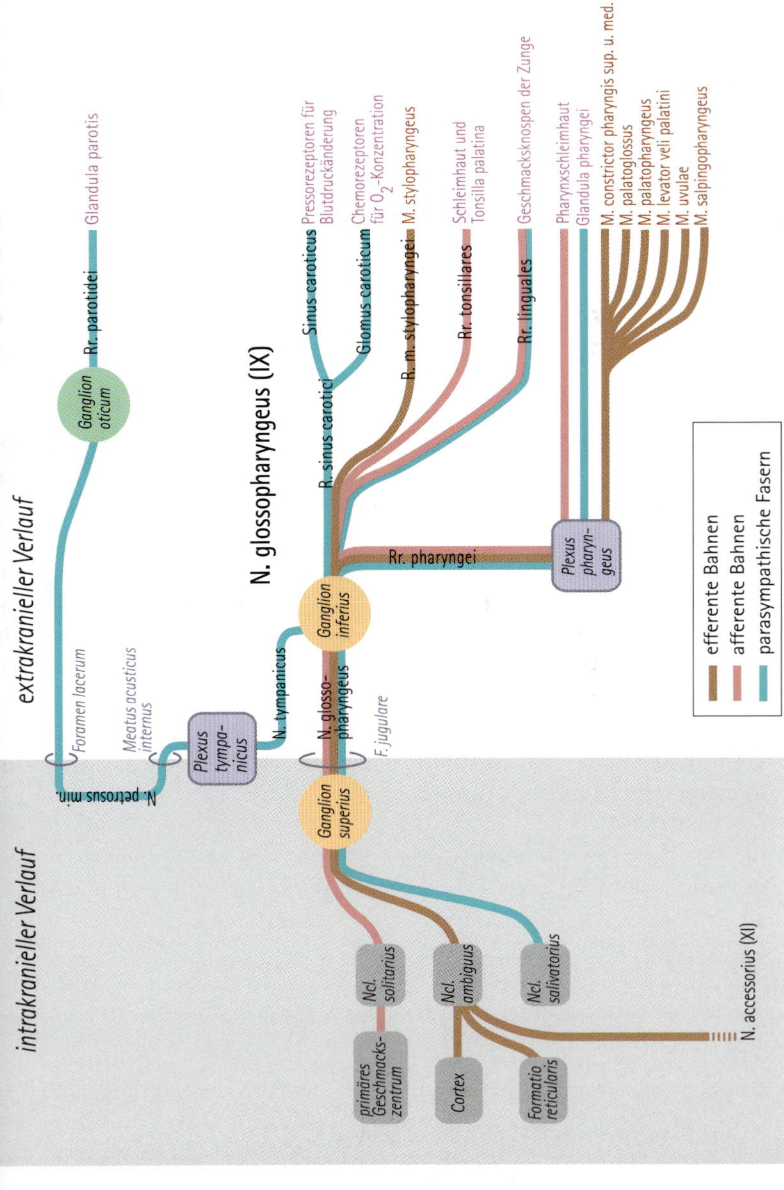

intrakranieller Verlauf
extrakranieller Verlauf
N. glossopharyngeus (IX)
Glandula parotis
Rr. parotidei
Ganglion oticum
Foramen lacerum
N. petrosus min.
Meatus acusticus internus
Plexus tympanicus
N. tympanicus
N. glossopharyngeus
F. jugulare
Ganglion superius
Ganglion inferius
R. sinus carotici
Sinus caroticus
Pressorezeptoren für Blutdruckänderung
Glomus caroticum
Chemorezeptoren für O_2-Konzentration
R. m. stylopharyngei
M. stylopharyngeus
Rr. tonsillares
Schleimhaut und Tonsilla palatina
Rr. linguales
Geschmacksknospen der Zunge
Rr. pharyngei
Plexus pharyngeus
Pharynxschleimhaut
Glandula pharyngei
M. constrictor pharyngis sup. u. med.
M. palatoglossus
M. palatopharyngeus
M. levator veli palatini
M. uvulae
M. salpingopharyngeus
Ncl. solitarius
Ncl. ambiguus
Ncl. salivatorius
primäres Geschmacks-zentrum
Cortex
Formatio reticularis
N. accessorius (XI)
efferente Bahnen
afferente Bahnen
parasympathische Fasern

- Eine einseitige Lähmung des **N. vagus (HN X)**, häufig gekoppelt mit einer gleichseitigen Lähmung des N. glossopharyngeus, kann zu erheblichen Störungen im Ablauf des Schluckvorgangs führen. Sie bleibt aber ohne Auswirkungen an den Eingeweiden. Eine beidseitige Lähmung geht jedoch mit schweren Atem- und Kreislauffehlfunktionen einher.

- Wird der N. vagus im Bereich seiner sensiblen Versorgungsgebiete im Kehlkopf bzw. im äußeren Gehörgang gereizt, kann eine Überaktivierung des Nerven zum Kreislaufstillstand führen (vagovasale Synkope).

- Symptome einer Vaguslähmung sind u. a. fehlender Würgereflex, ein- oder beidseitige Stimmbandlähmung, Tachykardie und Obstipation. Ursachen hierfür können z. B. Schädigungen des N. vagus infolge einer Diphterie oder durch Frakturen bzw. Tumore im Bereich der Schädelbasis sein.

- An einigen Universitäten wird gelehrt, dass sich bei einem Patienten mit gastroduodenalem Ulkus die Sekretion der Magensäure vermindern lässt, indem die Rr. gastrici des N. vagus durchtrennt werden (partielle Vagotomie). In der Praxis wird diese Operation nicht mehr durchgeführt, da sie mit zahlreichen Risiken verbunden ist.

- Der N. laryngeus recurrens verläuft hinter der Schilddrüse, zwischen beiden Blättern der Organkapsel. Wird er verletzt, kann das zugehörige Stimmband nur noch unzureichend bewegt werden, und es entsteht eine andauernde Heiserkeit. Bei einer beidseitigen Funktionsstörung ist die Stimmritze zu eng, um ausreichenden Luftdurchtritt zu gewährleisten, so dass der Patient intubiert werden muss.

- Der klinische Funktionstest wird für die HN IX und X gemeinsam durchgeführt, indem Würgereflex, Schlucken und Heiserkeit überprüft werden.

HN X

Der N. vagus innerviert alle Kehlkopfmuskeln.

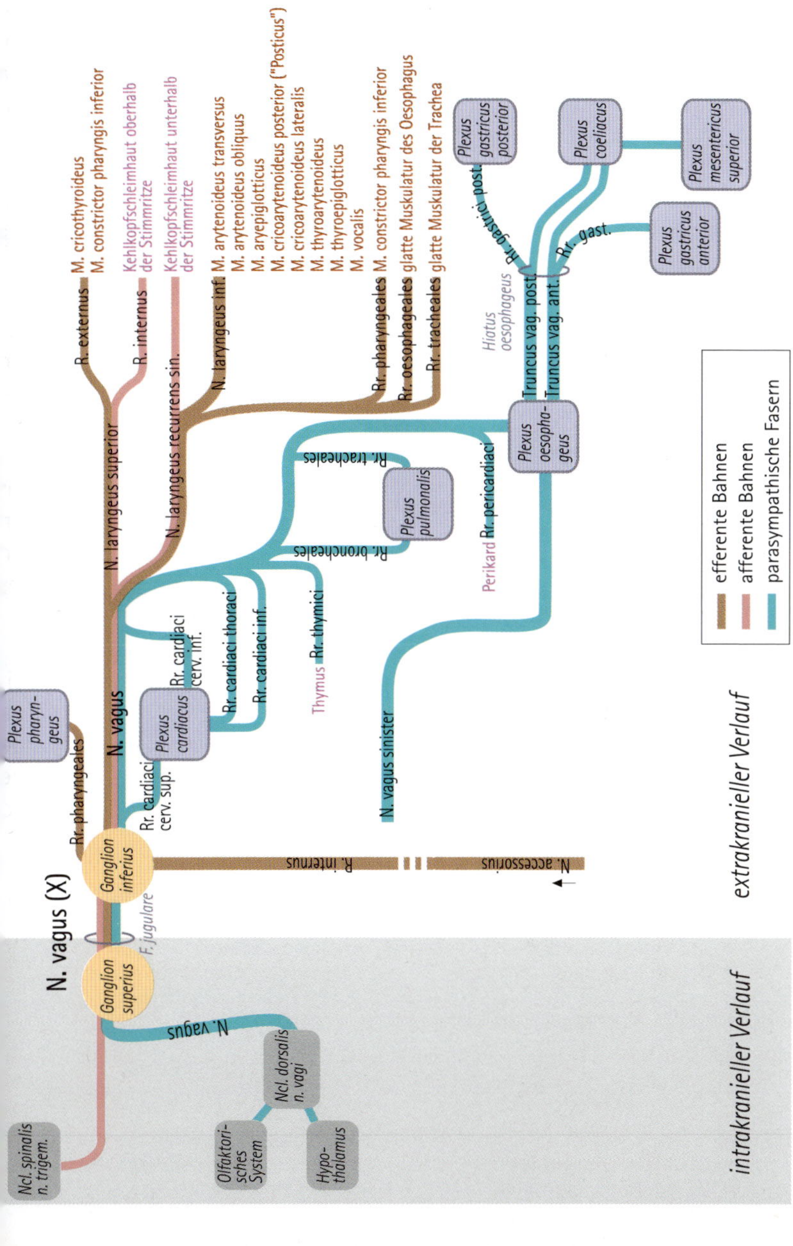
N. vagus (X)
intrakranieller Verlauf
extrakranieller Verlauf
Ncl. spinalis n. trigem.
Olfaktori-sches System
Hypo-thalamus
Ncl. dorsalis n. vagi
N. vagus
Ganglion superius
F. jugulare
Ganglion inferius
R. internus
N. accessorius
Rr. pharyngeales
Plexus pharyn-geus
N. vagus
Rr. cardiaci cerv. sup.
Plexus cardiacus
Rr. cardiaci cerv. inf.
Rr. cardiaci thoraci
Rr. cardiaci inf.
Thymus Rr. thymici
N. vagus sinister
N. laryngeus superior
R. externus
R. internus
N. laryngeus recurrens sin.
N. laryngeus inf.
Rr. pharyngeales
Rr. oesophageales
Rr. tracheales
Rr. broncheales
Rr. tracheales
Plexus pulmonalis
Perikard Rr. pericardiaci
Plexus oesopha-geus
Truncus vag. post.
Truncus vag. ant.
Hiatus oesophageus
Rr. gastrici post.
Rr. gast.
Plexus gastricus posterior
Plexus coeliacus
Plexus mesentericus superior
Plexus gastricus anterior
M. cricothyroideus
M. constrictor pharyngis inferior
Kehlkopfschleimhaut oberhalb der Stimmritze
Kehlkopfschleimhaut unterhalb der Stimmritze
M. arytenoideus transversus
M. arytenoideus obliquus
M. aryepiglotticus
M. cricoarytenoideus posterior ("Posticus")
M. cricoarytenoideus lateralis
M. thyroarytenoideus
M. thyroepiglotticus
M. vocalis
M. constrictor pharyngis inferior
glatte Muskulatur des Oesophagus
glatte Muskulatur der Trachea
efferente Bahnen
afferente Bahnen
parasympathische Fasern

- Bei einem Ausfall des **N. accessorius (HN XI)** dreht sich der Kopf zur Läsionsseite, da der M. sternocleidomastoideus auf dieser Seite ausfällt. Ferner kann daraus eine Atrophie des M. trapezius oder ein Herunterhängen der Schultern resultieren. Ursachen hierfür können chirurgische Eingriffe sein (z. B. Lymphknotenexzision).

- Eine einseitige Lähmung des **N. hypoglossus (HN XII)** führt zu einem Tonusverlust und zur Atrophie der entsprechenden Zungenhälfte und damit zu einer Abweichung der Zungenspitze zur kranken Seite, was bei herausgestreckter Zunge besonders deutlich wird. Supranukleäre Läsionen führen zu Faszikulationen (Zuckungen von Muskelbündeln ohne Bewegungseffekt).

- Der N. hypoglossus ist an der Geflechtbildung der Ansa cervicalis beteiligt und führt aus der Radix superior ansae cervicalis übertretende Fasern an den M. thyrohyoideus und den M. geniohyoideus ab.

HN XI und XII

- Der N. accessorius innerviert den M. sternocleidomastoideus und den M. trapezius.
- Der N. hypoglossus innerviert alle Zungenmuskeln und den Mundboden.

Funktionen der Hirnnerven

- HN I: N. olfactorius → somatoafferent
- HN II: N. opticus → somatoafferent
- HN III: N. oculomotorius → viszero- und somatoefferent
- HN IV: N. trochlearis → somatoefferent
- HN V: N. trigeminus → somato- und viszeroafferent, speziell viszeroefferent
- HN VI: N. abducens → somatoefferent
- HN VII: N. facialis → viszeroafferent und -efferent, speziell viszeroefferent
- HN VIII: N. vestibulocochlearis → somatoafferent
- HN IX: N. glossopharyngeus → viszeroafferent und -efferent, speziell viszeroefferent
- HN X: N. vagus → somatoafferent, viszeroafferent und -efferent, speziell viszeroefferent
- HN XI: N. accessorius → speziell viszeroefferent
- HN XII: N. hypoglossus → somatoefferent

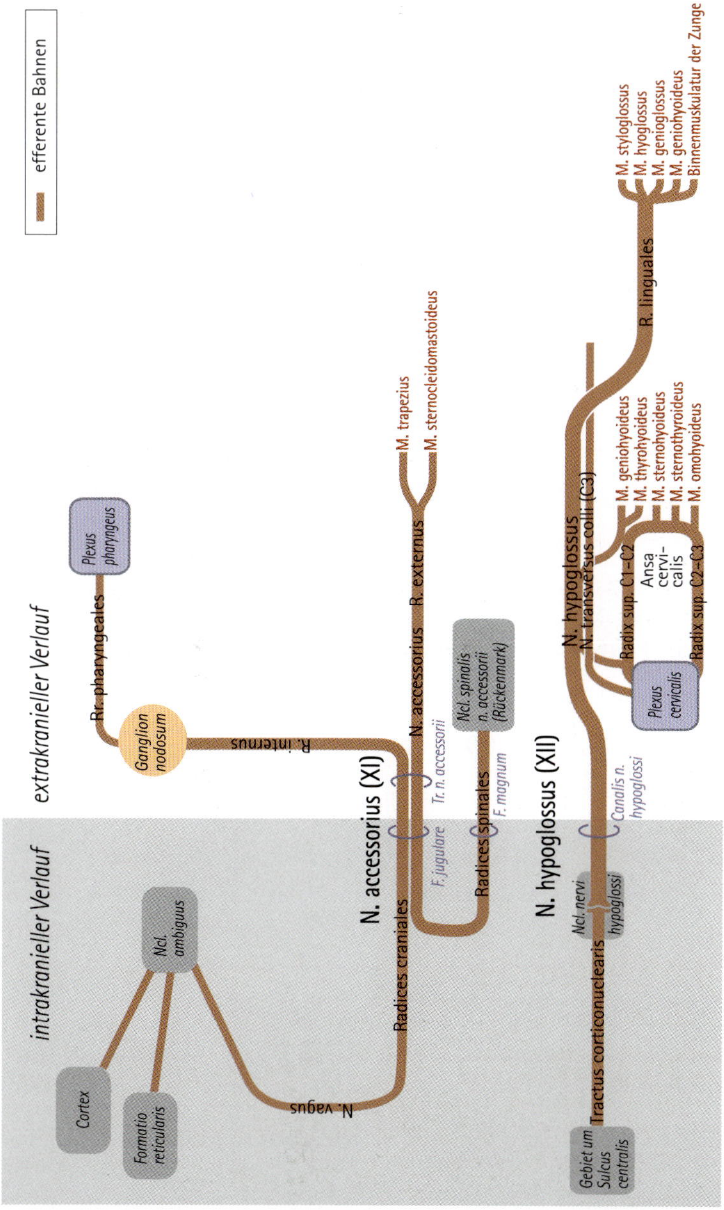
efferente Bahnen
intrakranieller Verlauf
extrakranieller Verlauf
Cortex
Formatio reticularis
Ncl. ambiguus
N. vagus
Radices craniales
N. accessorius (XI)
F. jugulare
R. internus
Ganglion nodosum
Rr. pharyngeales
Plexus pharyngeus
Radices spinales
F. magnum
Tr. n. accessorii
Ncl. spinalis n. accessorii (Rückenmark)
N. accessorius
R. externus
M. trapezius
M. sternocleidomastoideus
N. hypoglossus (XII)
Gebiet um Sulcus centralis
Tractus corticonuclearis
Ncl. nervi hypoglossi
Canalis n. hypoglossi
N. hypoglossus
N. transversus colli (C3)
Plexus cervicalis
Radix sup. C1–C2
Radix sup. C2–C3
Ansa cervicalis
M. geniohyoideus
M. thyrohyoideus
M. sternohyoideus
M. sternothyroideus
M. omohyoideus
R. linguales
M. styloglossus
M. hyoglossus
M. genioglossus
M. geniohyoideus
Binnenmuskulatur der Zunge

Die einzelnen Tafeln im Überblick

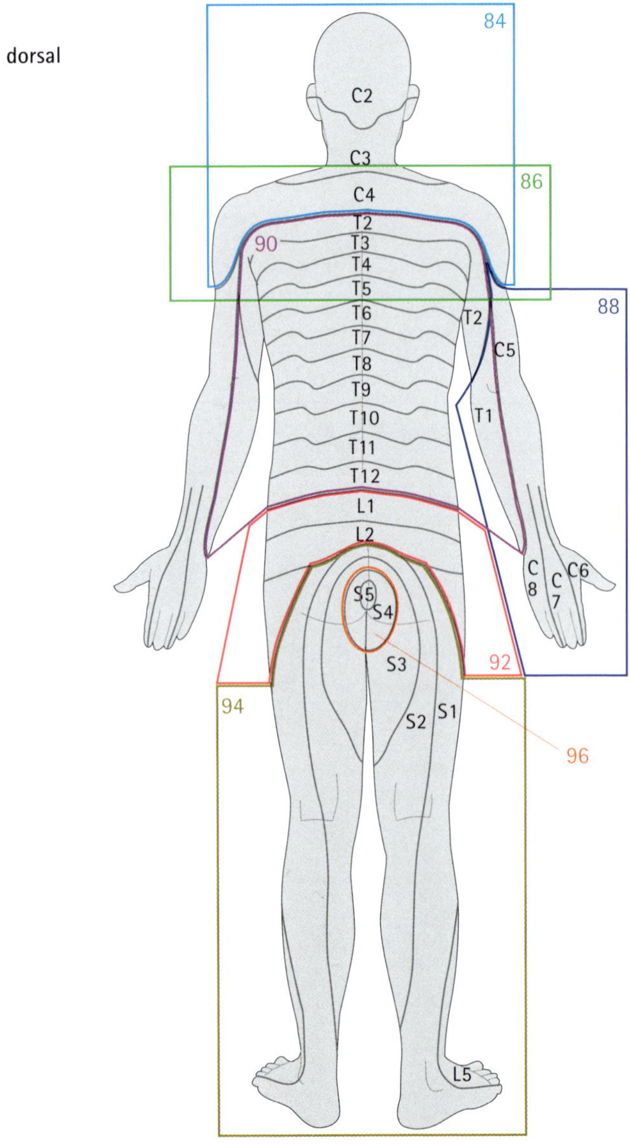

ventral

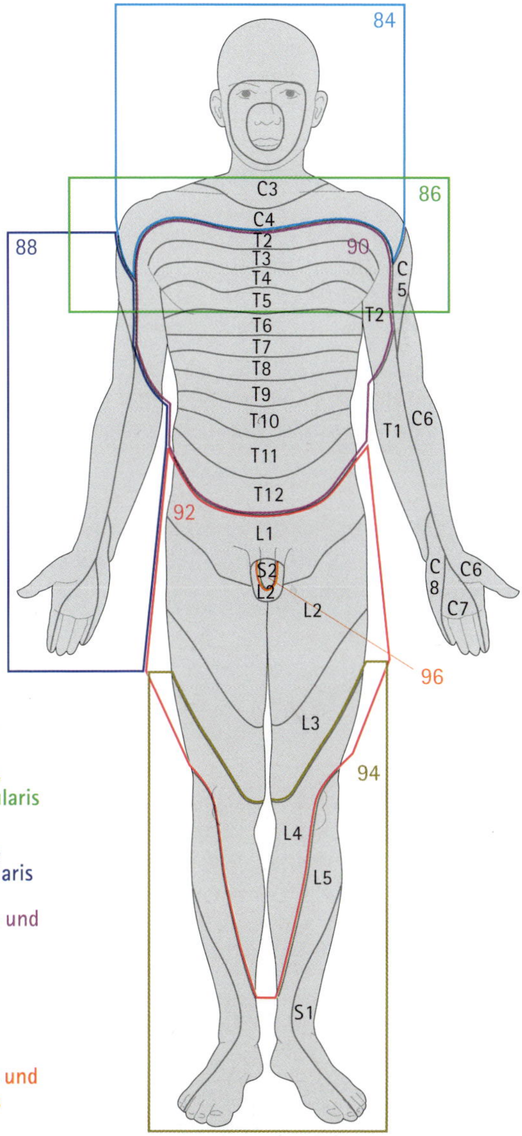

84 Plexus cervicalis

86 Plexus brachialis,
Pars supraclavicularis

88 Plexus brachialis,
Pars infraclavicularis

90 Nn. intercostales und
N. subcostalis

92 Plexus lumbalis

94 Plexus sacralis

96 Plexus pudendus und
Plexus coccygeus

- Die motorischen Anteile der dorsalen Äste der ersten drei Spinalnerven vereinigen sich, vergleichbar mit der Plexusbildung der ventralen Äste. Sie steuern die feinen Bewegungen der Nackenmuskeln, die für das exakte Zusammenspiel von Kopf und äußeren Augenmuskeln erforderlich sind.

- Vom Punctum nervosum (Erbscher Punkt, oberhalb der Klavikula, lateral des M. sternocleidomastoideus) aus ziehen die vier sensiblen Äste des Plexus cervicalis zu ihren Versorgungsgebieten.

- Die **Radix anterior** der Ansa cervicalis profunda verläuft streckenweise zusammen mit dem N. hypoglossus, bevor sie sich mit der Radix posterior vereint.

- Ist das Zervikalmark zentral oder an den Wurzeln geschädigt, führt dies zu einer Lähmung des Zwerchfells und damit zu einer erschwerten Atmung. Gleiche Symptome treten bei einer peripheren Schädigung des N. phrenicus auf.

- Eine Blockade des Plexus cervicalis wird bei gefäßchirurgischen Eingriffen (z. B. Desobliteration der A. carotis) oder bei chronischen Schmerzen vorgenommen.

Plexus cervicalis

N. **o**ccipitalis minor, N. **au**ricularis magnus, N. **t**rans-versus colli, Nn. **sup**raclaviculares, **Ansa** cervicalis, N. **phreni**cus

Onkel **Au**gust **t**anzt **sup**er mit **Ansa**gerin **Phreni.**

Kennmuskeln

- C1 → Kurze Nackenmuskulatur
- C2–C4 → M. trapezius
- C4 → Zwerchfell

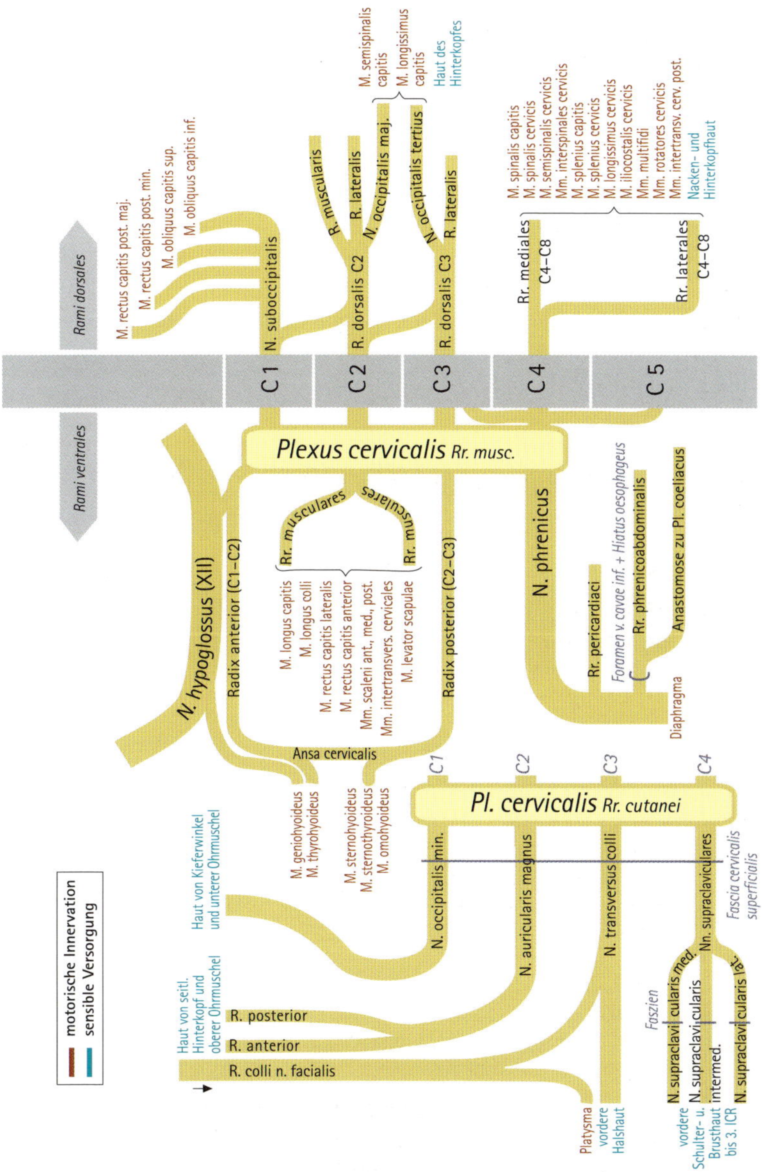

motorische Innervation
sensible Versorgung
Rami dorsales
Rami ventrales
C 1
C 2
C 3
C 4
C 5
M. rectus capitis post. maj.
M. rectus capitis post. min.
M. obliquus capitis sup.
M. obliquus capitis inf.
N. suboccipitalis
R. dorsalis C2
R. muscularis
R. lateralis
N. occipitalis maj.
M. semispinalis capitis
M. longissimus capitis
Haut des Hinterkopfes
R. dorsalis C3
N. occipitalis tertius
R. lateralis
Rr. mediales C4–C8
Rr. laterales C4–C8
M. spinalis capitis
M. spinalis cervicis
M. semispinalis cervicis
Mm. interspinales cervicis
M. splenius capitis
M. splenius cervicis
M. longissimus cervicis
M. iliocostalis cervicis
Mm. multifidi
Mm. rotatores cervicis
Mm. intertransv. cerv. post.
Nacken- und Hinterkopfhaut
Plexus cervicalis Rr. musc.
N. hypoglossus (XII)
Radix anterior (C1–C2)
Rr. musculares
Rr. musculares
M. longus capitis
M. longus colli
M. rectus capitis lateralis
M. rectus capitis anterior
Mm. scaleni ant., med., post.
Mm. intertransvers. cervicales
M. levator scapulae
Radix posterior (C2–C3)
N. phrenicus
Rr. pericardiaci
Foramen v. cavae inf. + Hiatus oesophageus
Rr. phrenicoabdominalis
Anastomose zu Pl. coeliacus
Diaphragma
Ansa cervicalis
M. geniohyoideus
M. thyrohyoideus
M. sternohyoideus
M. sternothyroideus
M. omohyoideus
C1
C2
C3
C4
Pl. cervicalis Rr. cutanei
N. occipitalis min.
N. auricularis magnus
N. transversus colli
Nn. supraclaviculares
Fascia cervicalis superficialis
Haut von Kieferwinkel und unterer Ohrmuschel
Haut von seitl. Hinterkopf und oberer Ohrmuschel
R. posterior
R. anterior
R. colli n. facialis
Platysma
vordere Halshaut
Faszien
N. supraclavicularis med.
N. supraclavicularis intermed.
N. supraclavicularis lat.
vordere Schulter- u. Brusthaut bis 3. ICR

- Durch seinen langen Verlauf auf dem M. serratus anterior ist die Gefahr groß, dass der **N. thoracicus longus** bei Operationen im Bereich der Achselhöhle geschädigt wird.

- Ist die Schultergürtelmuskulatur infolge einer Schädigung der Pars supraclavicularis des Plexus brachialis gelähmt (obere Plexuslähmung = Erbsche Lähmung), kann der betroffene Oberarm nicht mehr angehoben werden. Ursachen können ein ausgekugeltes Schultergelenk während der Geburt oder eine Fehllagerung der Extremität während einer Operation sein.

- Betrifft die Schädigung die Pars infraclavicularis, spricht man von einer unteren Plexuslähmung (Klumpkesche Lähmung; C8–T1), bei der v. a. die kleinen Handmuskeln betroffen sind.

Innervation der Schultergürtelmuskulatur

Bei einigen Nerven besteht Namensgleichheit zum innervierten Muskel:

- N. **subclavius** → M. **subclavius**
- N. **pectoralis** → M. **pectoralis** major und minor
- N. **subscapularis** → M. **subscapularis**

Bei anderen besteht zumindest Namensähnlichkeit:

- N. **supra**scapularis → M. **supra**spinatus
- N. thoraco**dorsalis** → M. latissimus **dorsi**

Ausfälle der Nervenäste des Plexus brachialis, Pars supraclavicularis

- N. dorsalis scapulae → Skapula lateralisiert und leicht abstehend
- N. thoracicus longus → Skapula alata
- N. suprascapularis → Außenrotation im Schultergelenk und leichte Abduktionsschwäche

Kennmuskeln

- C5 → M. deltoideus, M. biceps brachii, M. supraspinatus, M. infraspinatus
- C6 → M. extensor carpi radialis longus et brevis
- C7 → M. triceps brachii, M. flexor carpi radialis
- C8 → Mm. extensor pollicis longus et brevis, M. flexor carpi ulnaris, M. extensor carpi ulnaris

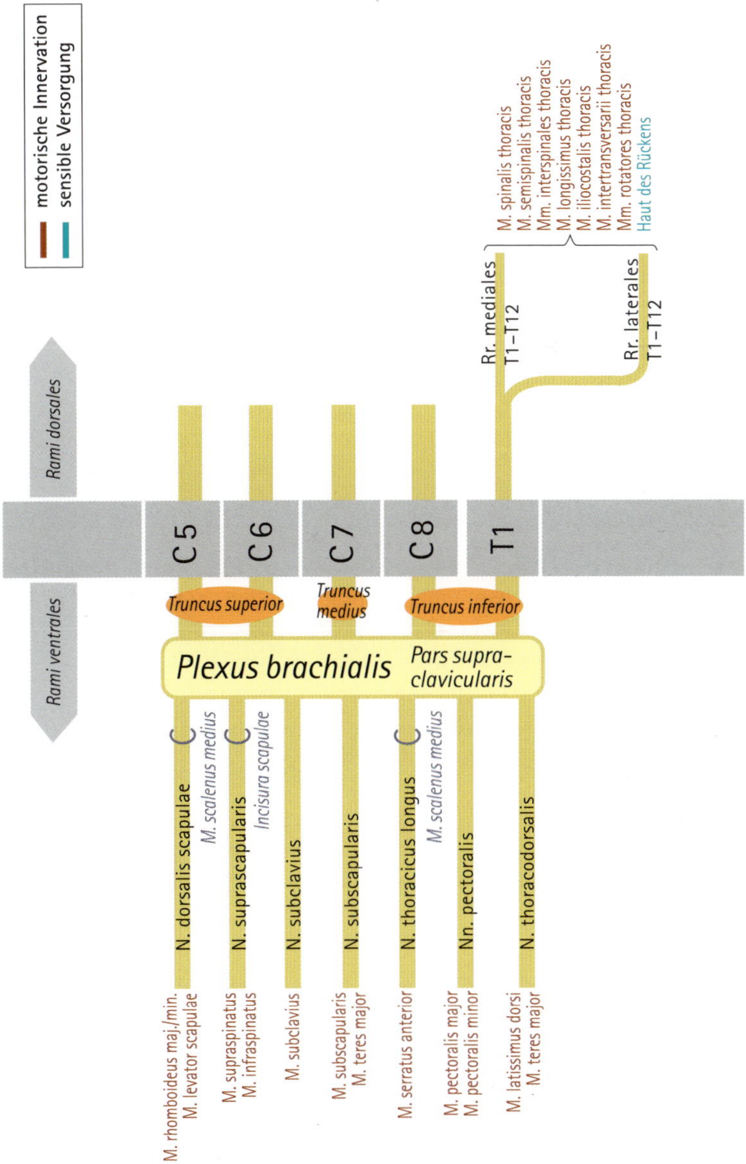
motorische Innervation
sensible Versorgung
Rami dorsales
Rami ventrales
C 5
C 6
C 7
C 8
T1
Rr. mediales T1–T12
Rr. laterales T1–T12
M. spinalis thoracis
M. semispinalis thoracis
Mm. interspinales thoracis
M. longissimus thoracis
M. iliocostalis thoracis
M. intertransversarii thoracis
Mm. rotatores thoracis
Haut des Rückens
Truncus superior
Truncus medius
Truncus inferior
Plexus brachialis
Pars supra-clavicularis
N. dorsalis scapulae
M. scalenus medius
N. suprascapularis
Incisura scapulae
N. subclavius
N. subscapularis
N. thoracicus longus
M. scalenus medius
Nn. pectoralis
N. thoracodorsalis
M. rhomboideus maj./min.
M. levator scapulae
M. supraspinatus
M. infraspinatus
M. subclavius
M. subscapularis
M. teres major
M. serratus anterior
M. pectoralis major
M. pectoralis minor
M. latissimus dorsi
M. teres major

- Der **N. medianus** entsteht aus zwei Wurzeln (Medianuszinken). Er verläuft unterhalb des Retinaculum musculorum flexorum durch den Karpalkanal und kann hier durch Druck geschädigt werden (Karpaltunnelsyndrom). Bei Verlust der Nervenfunktion kann der Patient Daumen und Zeigefinger nicht krümmen und die Faust nicht vollständig schließen (Schwurhand). Eine längerfristig bestehende Lähmung führt zu einer deutlich sichtbaren Atrophie der Thenarmuskulatur.

- Der **N. ulnaris** verläuft im Sulcus nervi ulnaris des Humerus. Ein leichter Druck an dieser Stelle führt zu elektrisierenden Schmerzen im Unterarm (Musikantenknochen). Eine schwere Schädigung des N. ulnaris verursacht aufgrund des Ausfalls der Mm. interossei die so genannte Krallenhand. In seinem weiteren Verlauf zur Hand zieht der Nerv durch die Guyonsche Loge zwischen dem oberflächlichen Ligamentum transversum carpi und dem tiefer liegenden Retinaculum musculorum flexorum. Wird er dort eingeklemmt, zeigen sich dem Karpaltunnelsyndrom entsprechende Symptome, jedoch an der ulnaren Seite der Hand.

- Der **N. radialis** verläuft in der Achselhöhle sehr weit kaudal. Dadurch wird er bei Druck auf die Achselhöhle leicht geschädigt (z. B. durch Gehhilfen). Er verläuft im Sulcus nervi radialis um den Humerus und kann bei Frakturen verletzt werden. Die Streckfunktion im Ellbogen bleibt erhalten, da die Äste, die den M. triceps brachii innervieren, weiter oben abgehen. Das Leitsymptom einer solchen Verletzung ist der Verlust der Streckfunktion an den Fingern und Handgelenken (Fallhand).

- Der **N. axillaris** verläuft in der lateralen Achsellücke am Collum chirurgicum des Humerus und kann hier bei Knochenbrüchen leicht geschädigt werden. Bei einem Ausfall kann der Arm nicht mehr kraftvoll abduziert werden.

Ausfälle der Nervenäste des Plexus brachialis, Pars infraclavicularis

- N. musculocutaneus → schmerzhafte Beugung im Ellbogen bei Supination und Elevation
- N. medianus → Schwurhand; Karpaltunnelsyndrom
- N. ulnaris → Krallenhand
- N. axillaris → Abduktions-, Anteversions- und Retroversionsschwäche; sensibler Ausfall über dem Schultergelenk
- N. radialis → Fallhand

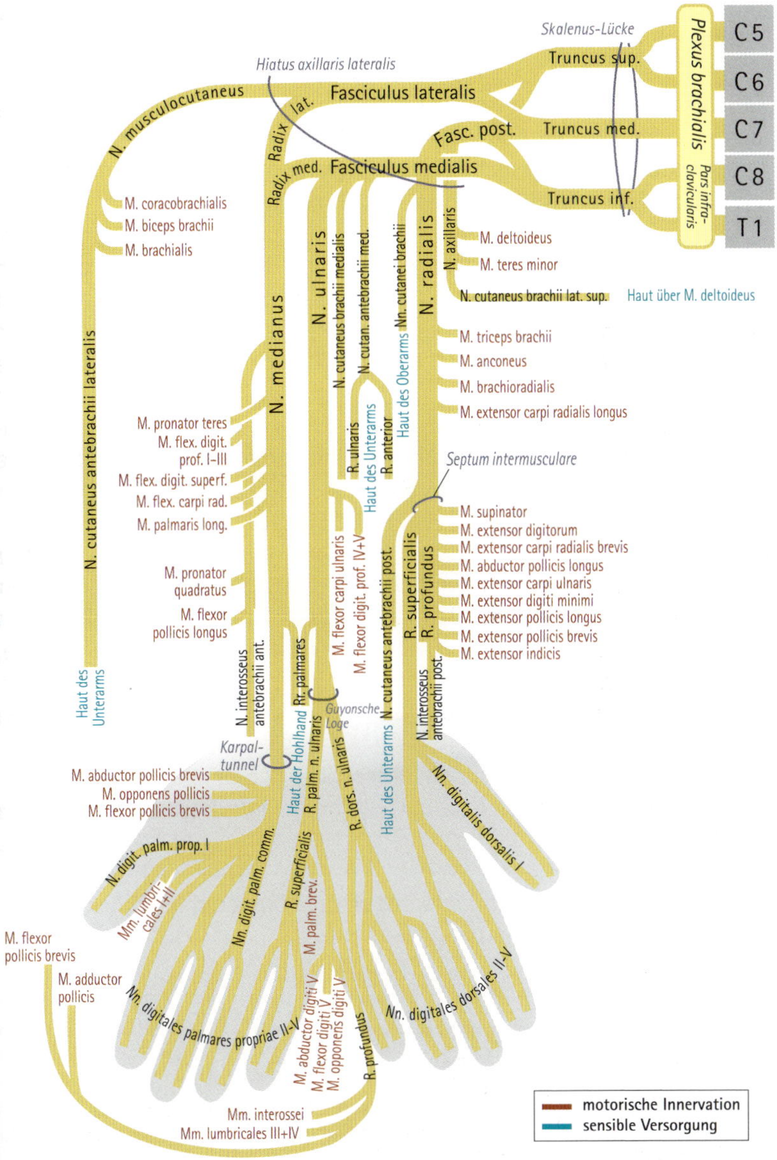
Skalenus-Lücke
C5
C6
C7
C8
T1
Plexus brachialis
Pars infra-claviculris
Truncus sup.
Truncus med.
Truncus inf.
Hiatus axillaris lateralis
Fasciculus lateralis
Fasc. post.
Fasciculus medialis
Radix lat.
Radix med.
N. musculocutaneus
M. coracobrachialis
M. biceps brachii
M. brachialis
N. cutaneus antebrachii lateralis
Haut des Unterarms
N. medianus
N. ulnaris
N. cutaneus brachii medialis
N. cutan. antebrachii med.
Nn. cutanei brachii
Haut des Oberarms
N. radialis
N. axillaris
M. deltoideus
M. teres minor
N. cutaneus brachii lat. sup.
Haut über M. deltoideus
M. triceps brachii
M. anconeus
M. brachioradialis
M. extensor carpi radialis longus
M. pronator teres
M. flex. digit. prof. I–III
M. flex. digit. superf.
M. flex. carpi rad.
M. palmaris long.
M. pronator quadratus
M. flexor pollicis longus
R. ulnaris
R. anterior
Haut des Unterarms
Septum intermusculare
M. supinator
M. extensor digitorum
M. extensor carpi radialis brevis
M. abductor pollicis longus
M. extensor carpi ulnaris
M. extensor digiti minimi
M. extensor pollicis longus
M. extensor pollicis brevis
M. extensor indicis
R. superficialis
R. profundus
M. flexor carpi ulnaris
M. flexor digit. prof. IV+V
N. cutaneus antebrachii post.
N. interosseus antebrachii ant.
Rr. palmares
Guyonsche Loge
N. interosseus antebrachii post.
Karpaltunnel
M. abductor pollicis brevis
M. opponens pollicis
M. flexor pollicis brevis
Haut der Hohlhand
R. palm. n. ulnaris
R. dors. n. ulnaris
Haut des Unterarms
Nn. digitalis dorsalis I
N. digit. palm. prop. I
Nn. digit. palm. comm.
R. superficialis
M. palm. brev.
Mm. lumbricales I+II
M. flexor pollicis brevis
M. adductor pollicis
Nn. digitales palmares propriae II–V
M. abductor digiti V
M. flexor digiti V
M. opponens digiti V
R. profundus
Nn. digitales dorsales II–V
Mm. interossei
Mm. lumbricales III+IV
motorische Innervation
sensible Versorgung

- Die Rr. anteriores der zwölf Nn. thoracici werden als **Nn. intercostales** bezeichnet. Der zwölfte Interkostalnerv verläuft am Unterrand der zwölften Rippe und heißt **N. subcostalis**.

- Gemäß der metameren Anordnung der Interkostalnerven lässt sich die Haut von Thorax und Abdomen in ringförmige Dermatome gliedern, die von den Rr. cutanei sensibel versorgt werden. Über die Rr. musculares erfolgt die Innervation der Brust- und Bauchmuskulatur.

- Die Nn. intercostales 7–11 treten durch das Diaphragma und erreichen den kranialen Anteil des M. rectus abdominis, der hierdurch im Bereich des epigastrischen Winkels eine besonders dichte Innervation aufweist. Dieser Teil des Muskels steuert den feindosierten Luftausstoß durch die Stimmbänder beim Sprechen.

- Der Ausfall einzelner Interkostalnerven hat meist aufgrund ihrer schmalen Versorgungsgebiete, die sich zudem mit den Versorgungsgebieten benachbarter Nerven überlappen, keine klinischen Auswirkungen.

- Bei Herzerkrankungen können Schmerzen u. a. in den linken Arm ausstrahlen, da Afferenzen aus den Eingeweiden zusammen mit Afferenzen von der Körperoberfläche auf Rückenmarksebene verschaltet werden und danach gemeinsam zu höheren Zentren ziehen (übertragener Schmerz, Head-Zonen).

- Bei Rippenfrakturen oder zur postoperativen Schmerztherapie kann eine zeitweilige Blockade eines oder mehrerer Interkostalnerven durchgeführt werden.

- Infolge von Wirbelsäulenerkrankungen oder Tumoren des Rückenmarks kann es zur Interkostalneuralgie kommen.

RR. VENTRALES DER THORAKALEN SEGMENTE

Sie versorgen alle Muskeln der Thoraxwand, die spinokostale Gruppe der eingewanderten Rückenmuskeln und den überwiegenden Teil der vorderen und seitlichen Bauchwand.

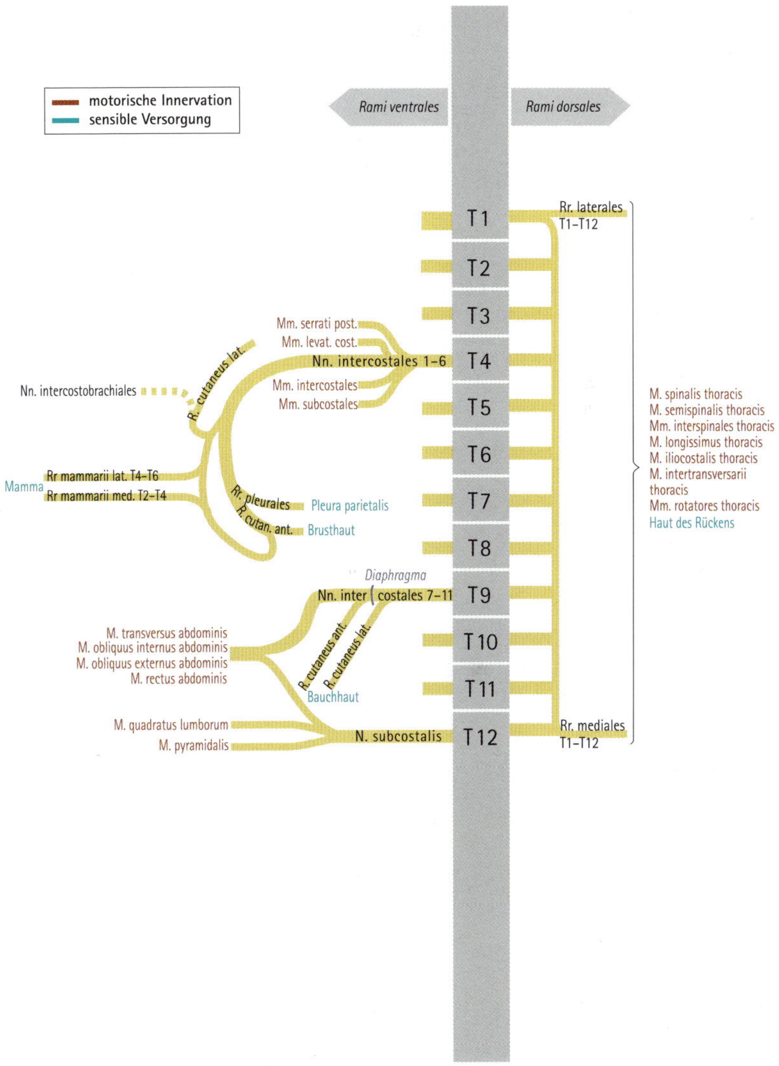
motorische Innervation
sensible Versorgung
Rami ventrales
Rami dorsales
T1
T2
T3
T4
T5
T6
T7
T8
T9
T10
T11
T12
Rr. laterales T1–T12
Rr. mediales T1–T12
M. spinalis thoracis
M. semispinalis thoracis
Mm. interspinales thoracis
M. longissimus thoracis
M. iliocostalis thoracis
M. intertransversarii thoracis
Mm. rotatores thoracis
Haut des Rückens
Mm. serrati post.
Mm. levat. cost.
Nn. intercostales 1–6
Mm. intercostales
Mm. subcostales
R. cutaneus lat.
Nn. intercostobrachiales
Mamma
Rr mammarii lat. T4–T6
Rr mammarii med. T2–T4
Rr. pleurales
Pleura parietalis
R. cutan. ant.
Brusthaut
Diaphragma
Nn. intercostales 7–11
M. transversus abdominis
M. obliquus internus abdominis
M. obliquus externus abdominis
M. rectus abdominis
R. cutaneus ant.
R. cutaneus lat.
Bauchhaut
M. quadratus lumborum
M. pyramidalis
N. subcostalis

- Der **N. iliohypogastricus** und der **N. ilioinguinalis** versorgen die Haut sensibel um den äußeren Leistenring. Der N. ilioinguinalis verläuft weiter kaudal und versorgt zusätzlich Skrotum und Labien.

- Beim Bestreichen der Oberschenkelinnenseite erfolgt reflektorisch ein Anheben des Skrotum durch Kontraktion des M. cremaster (Kremasterreflex).

- Der **N. femoralis** innerviert alle Muskeln der ventralen Gruppe des Oberschenkels, alle Extensoren des Kniegelenks und beteiligt sich an der Innervation des M. iliopsoas und des M. pectineus. Er verläuft innerhalb des Beckens in der Muskelloge des M. iliopsoas. Bei Einblutungen in diese Loge, die vor allem bei Blutern auftreten, kann der Nerv geschädigt werden, und die Streckung des Knies ist nur noch kraftlos möglich. Häufige Ursache ist eine zu hohe Dosierung von Blutgerinnungsmedikamenten.

- Der **N. obturatorius** innerviert alle Adduktoren des Oberschenkels.

- Infolge einer Kompression des N. cutaneus femoris lateralis treten Empfindungsstörungen am äußeren Oberschenkel auf (Meralgia paraesthetica/Inguinaltunnelsyndrom).

S

Kennmuskeln

• T1–T11	→	Mm. intercostales externus et internus
• L3	→	M. iliopsoas, M. quadriceps femoris
• L4	→	M. tibialis anterior
• L5	→	M. extensor hallucis longus, M. gluteus medius
• S1, S2	→	M. biceps fem., M. gastrocnemius, M. gluteus max., Mm. peroneus brevis et longus (nur S1), M. semimembranosus, M. semitendinosus

Plexus lumbalis

N. iliohypogastricus, N. ilioinguinalis, N. genitofemoralis, N. cutaneus femoris lateralis, N. femoralis, N. obturatorius	In Indien gibt's kein frisches Obst.

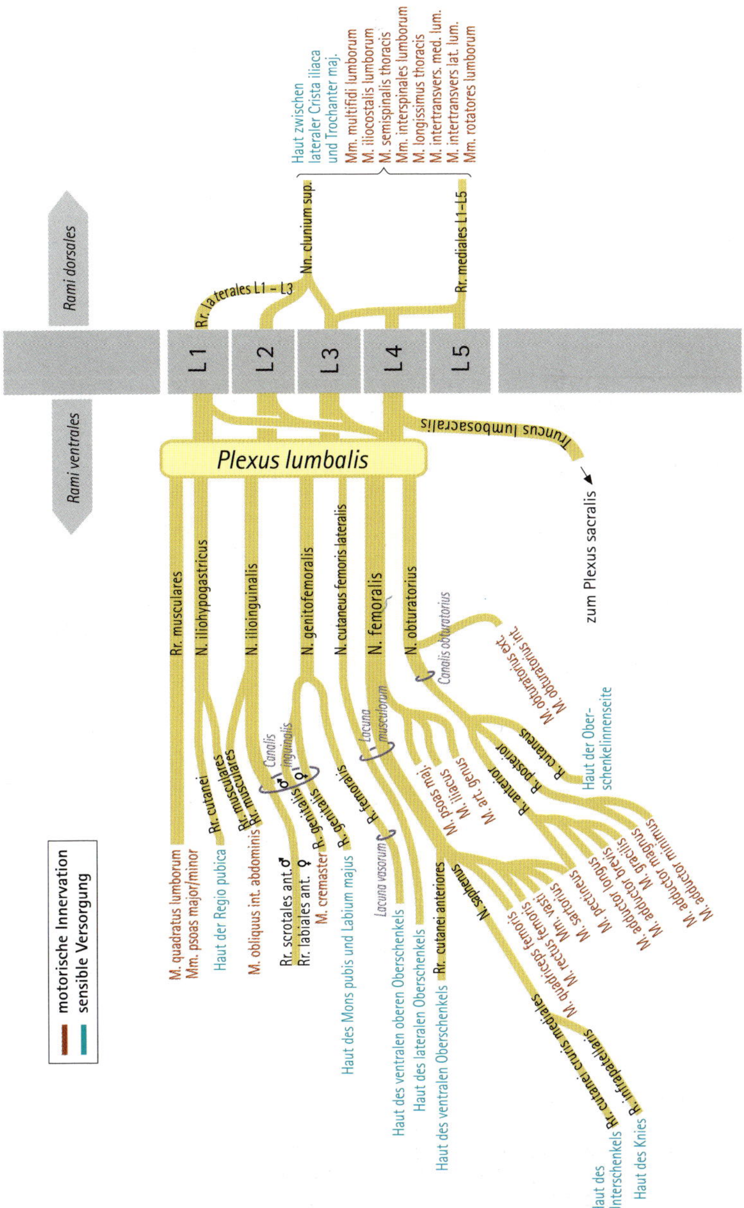
Rami dorsales
Rami ventrales
L1
L2
L3
L4
L5
Plexus lumbalis
Rr. laterales L1 – L3
Nn. clunium sup.
Rr. mediales L1–L5
Haut zwischen
lateraler Crista iliaca
und Trochanter maj.
Mm. multifidi lumborum
M. iliocostalis lumborum
M. semispinalis thoracis
Mm. interspinales lumborum
M. longissimus thoracis
M. intertransvers. med. lum.
M. intertransvers lat. lum.
Mm. rotatores lumborum
Truncus lumbosacralis
zum Plexus sacralis
Rr. musculares
N. iliohypogastricus
N. ilioinguinalis
N. genitofemoralis
N. cutaneus femoris lateralis
N. femoralis
N. obturatorius
Canalis obturatorius
M. obturatorius ext.
M. obturatorius int.
Haut der Oberschenkelinnenseite
R. cutaneus
R. posterior
R. anterior
M. adductor minimus
M. adductor magnus
M. gracilis
M. adductor brevis
M. adductor longus
M. pectineus
M. sartorius
Mm. vasti
M. rectus femoris
M. quadriceps femoris
M. art. genus
M. iliacus
M. psoas maj.
Lacuna musculorum
Canalis inguinalis
Rr. cutanei
Rr. musculares
Rr. musculares
R. genitalis
R. genitalis
R. femoralis
Lacuna vasorum
Rr. cutanei anteriores
N. saphenus
Rr. cutanei cruris mediales
R. infrapatellaris
M. quadratus lumborum
Mm. psoas major/minor
Haut der Regio pubica
M. obliquus int. abdominis
Rr. scrotales ant. ♂
Rr. labiales ant. ♀
M. cremaster
Haut des Mons pubis und Labium majus
Haut des ventralen oberen Oberschenkels
Haut des lateralen Oberschenkels
Haut des ventralen Oberschenkels
Haut des Unterschenkels
Haut des Knies
motorische Innervation
sensible Versorgung

- Der **N. ischiadicus** innerviert alle Flexoren des Oberschenkels und alle Muskeln des Unterschenkels und des Fußes. Der **Tibialis-Anteil** des N. ischiadicus innerviert alle Muskeln der Dorsalseite des gesamten Beins (Ausnahme: Caput breve des M. biceps femoris) und alle Muskeln der Fußsohle. Der **Peroneus-Anteil** des N. ischiadicus innerviert das Caput breve des M. biceps femoris, alle Muskeln der ventralen und lateralen Gruppe des Unterschenkels und alle Muskeln des Fußrückens.

- Der N. ischiadicus tritt durch die infrapiriforme Abteilung des Foramen ischiadicum majus. Sind N. tibialis und N. peroneus communis bereits bei ihrem Austritt aus dem Becken getrennt, kann der N. peroneus communis den M. piriformis durchbohren.

- Die am Aufbau des N. ischiadicus beteiligten ventralen Spinalnerven der unteren Lumbalregion werden oft durch Bandscheibenvorfälle geschädigt.

- Der **N. peroneus communis** verläuft von dorsal um das Fibulaköpfchen und wird dort leicht durch Druck geschädigt, v. a. bei falsch angelegten Gipsverbänden. Eine Schädigung betrifft die Fußstrecker und äußert sich im übermäßigen Anheben des Beines beim Gehen (Hahnentritt).

- Der **N. peroneus profundus** kann bei Einblutung in die Extensorenloge des Unterschenkels (Tibialis-Anterior-Kompartmentsyndrom) geschädigt werden. Fuß und Zehen sind dann nur schlecht anhebbar, und ein Sensibilitätsausfall zwischen den ersten beiden Zehen tritt auf.

- Der **N. suralis** verläuft dicht unter der Haut, unmittelbar dorsal um den Malleolus lateralis. Er ist ein kräftiger, rein sensibler Nerv mit einem kleinen Versorgungsgebiet auf der dorsalen Seite des Unterschenkels. Er wird oft biopsiert, um Erkrankungen des Nervensystems histologisch zu diagnostizieren und findet als autologes Nerventransplantat Verwendung.

- Der **N. gluteus superior** innerviert die kleinen Glutealmuskeln und den M. tensor fasciae latae. Eine Schädigung verursacht einen Ausfall der Mm. glutei medius et minimus führt zum Trendelenburg-Zeichen. Der **N. gluteus inferior** innerviert M. gluteus maximus und M. quadratus femoris.

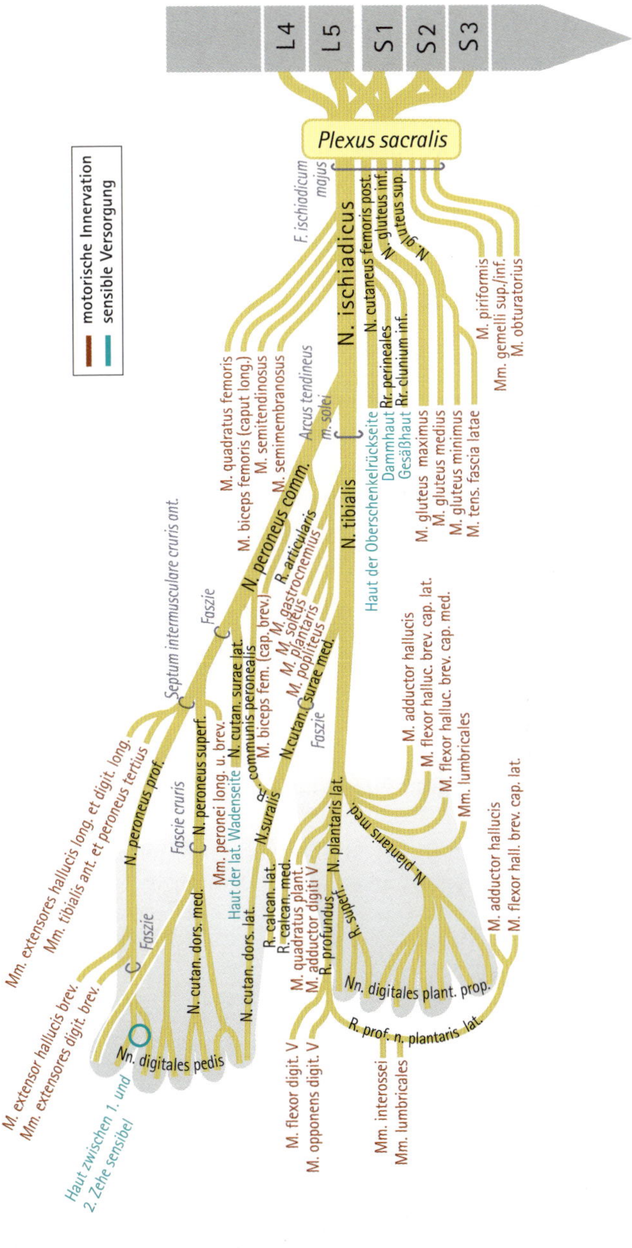
motorische Innervation
sensible Versorgung
L 4
L 5
S 1
S 2
S 3
Plexus sacralis
F. ischiadicum majus
N. ischiadicus
N. cutaneus femoris post.
N. gluteus inf.
N. gluteus sup.
M. piriformis
Mm. gemelli sup./inf.
M. obturatorius
M. quadratus femoris
M. biceps femoris (caput long.)
M. semitendinosus
M. semimembranosus
Arcus tendineus m. solei
Haut der Oberschenkelrückseite
Rr. perineales
Rr. clunium inf.
Dammhaut
Gesäßhaut
M. gluteus maximus
M. gluteus medius
M. gluteus minimus
M. tens. fascia latae
N. peroneus comm.
N. tibialis
R. articularis
M. gastrocnemius
M. soleus
M. plantaris
M. popliteus
M. biceps fem. (cap. brev.)
N. cutan. surae lat.
communis peronealis
N. cutan. surae med.
N. suralis
Faszie
Septum intermusculare cruris ant.
Mm. peronei long. u. brev.
Haut der lat. Wadenseite
N. peroneus superf.
N. peroneus prof.
Fascie cruris
Mm. extensores hallucis long. et digit. long.
Mm. tibialis ant. et peroneus tertius
N. cutan. dors. med.
N. cutan. dors. lat.
R. calcan. lat.
R. calcan. med.
M. quadratus plant.
M. adductor digiti V
R. profundus
R. superf.
N. plantaris lat.
N. plantaris med.
M. adductor hallucis
M. flexor halluc. brev. cap. lat.
M. flexor halluc. brev. cap. med.
Mm. lumbricales
M. adductor hallucis
M. flexor hall. brev. cap. lat.
Nn. digitales plant. prop.
R. prof. n. plantaris lat.
M. flexor digit. V
M. opponens digit. V
Mm. interossei
Mm. lumbricales
Nn. digitales pedis
M. extensor hallucis brev.
Mm. extensores digit. brev.
Haut zwischen 1. und 2. Zehe sensibel

- Der Plexus sacralis (L5–S5) lässt sich formal in Plexus pudendus (S2–S4 und Plexus coccygeus (S4–Co) unterteilen.

- Die Innervation des M. levator ani erfolgt über Rr. musculares aus dem **Plexus pudendus**. Der M. sphincter ani internus unterliegt einem Dauer tonus, der vor allem durch sympathische Fasern vermittelt und aufrech erhalten wird. Der M. sphincter ani externus weist ebenfalls eine Dauertonus auf, unterliegt aber durch die Nn. anales einer willkürliche Kontrolle. Bei der Defäkation kommt es zu parasympathisch vermittelte peristaltischen Kontraktionen des Rektums bei gleichzeitiger Erschlaf fung der Sphinkter.

- Die **Nn. splanchnici pelvici** (Nn. erigentes) sind beteiligt am Plexu pudendus. Sie stammen aus einem Erektionszentrum, das sich auf de Höhe von S2–S4 befindet und verlaufen in enger Nachbarschaft zum N. pudendus. Es handelt sich um parasympathische Fasern, die übe eine lokale Stickoxid (NO)-Freisetzung die Äste der A. profunda penis dilatieren und so zu einem vermehrten Bluteinstrom in die Schwell körper des Penis führen.

- Der **N. pudendus** kann unter der Geburt gezerrt werden. In schwere Fällen resultiert daraus eine Harn- und Stuhlinkontinenz.

- Im Rahmen der Geburtshilfe kann eine Leitungsanästhesie des N. pudendus (so genannter Pudendus-Block) durchgeführt werden.

- Im Fall von Schmerzen in der Steißregion (z. B. infolge einer Prellung) kann der **Plexus coccygeus** anästhesiert werden.

N. PUDENDUS

Der N. pudendus innerviert alle Muskeln des Perineum, den äußeren Analschließmuskel und die Haut von Penis und Klitoris.

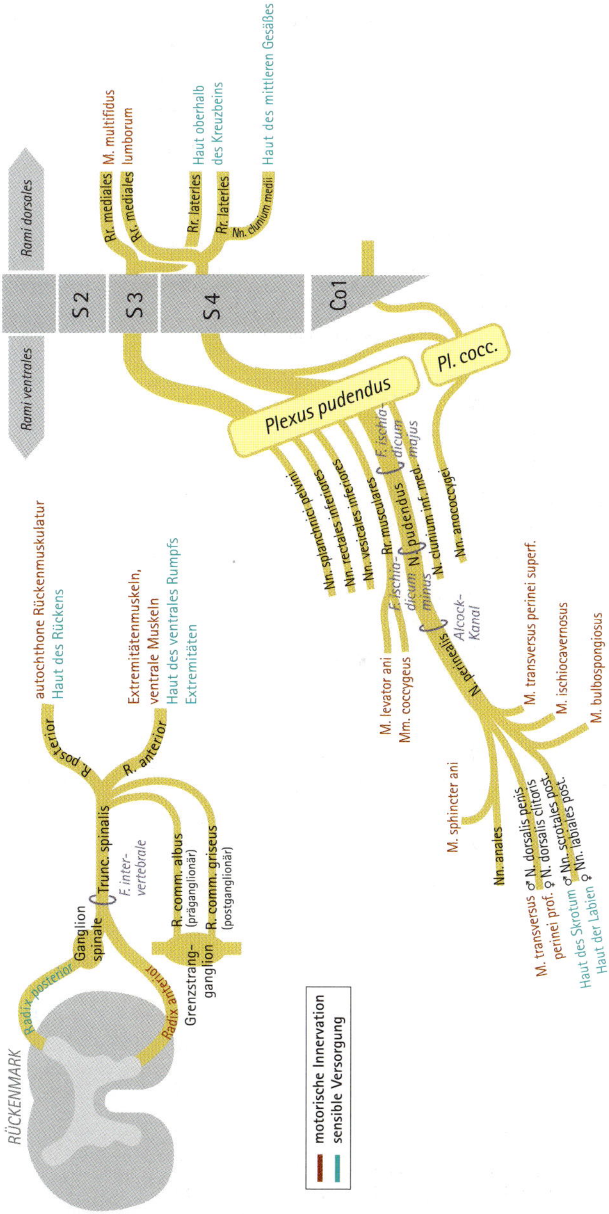
Rami dorsales
Rami ventrales
S 2
S 3
S 4
Co1
Rr. mediales
Rr. mediales
M. multifidus lumborum
Rr. laterles
Rr. laterles
Haut oberhalb des Kreuzbeins
Nn. clunium medii
Haut des mittleren Gesäßes
Plexus pudendus
Pl. cocc.
Nn. splanchnici pelvini
Nn. rectales inferiores
Nn. vesicales inferiores
Rr. musculares
N. pudendus
N. clunium inf. med.
Nn. anococcygei
F. ischiadicum majus
F. ischiadicum minus
Alcock-Kanal
M. levator ani
Mm. coccygeus
N. perinealis
M. transversus perinei superf.
M. ischiocavernosus
M. bulbospongiosus
M. sphincter ani
Nn. anales
M. transversus perinei prof.
♂ N. dorsalis penis
♀ N. dorsalis clitoris
♂ Nn. scrotales post.
♀ Nn. labiales post.
Haut des Skrotum
Haut der Labien
RÜCKENMARK
Radix posterior
Radix anterior
Ganglion spinale
Trunc. spinalis
F. intervertebrale
R. posterior
R. anterior
autochthone Rückenmuskulatur
Haut des Rückens
Extremitätenmuskeln, ventrale Muskeln
Haut des ventrales Rumpfs
Extremitäten
R. comm. albus (präganglionär)
R. comm. griseus (postganglionär)
Grenzstrang-ganglion
motorische Innervation
sensible Versorgung

Parasympathikus

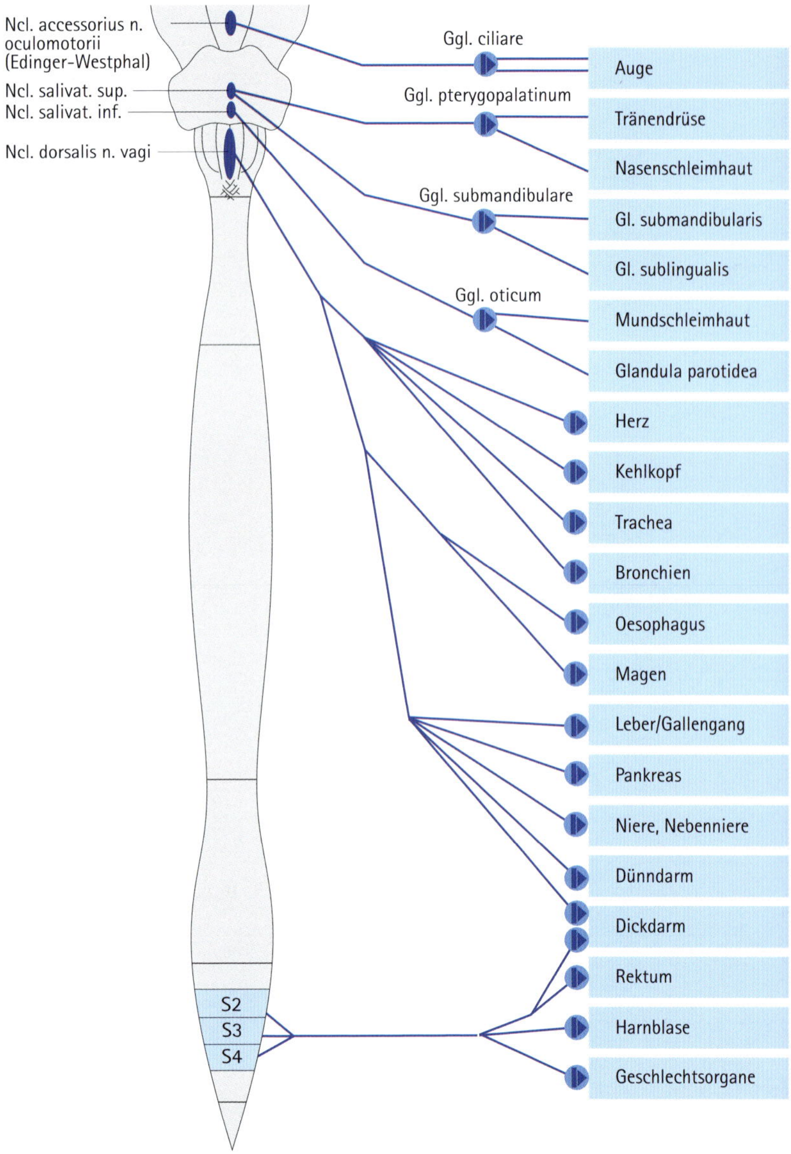

Sympathikus der Eingeweide

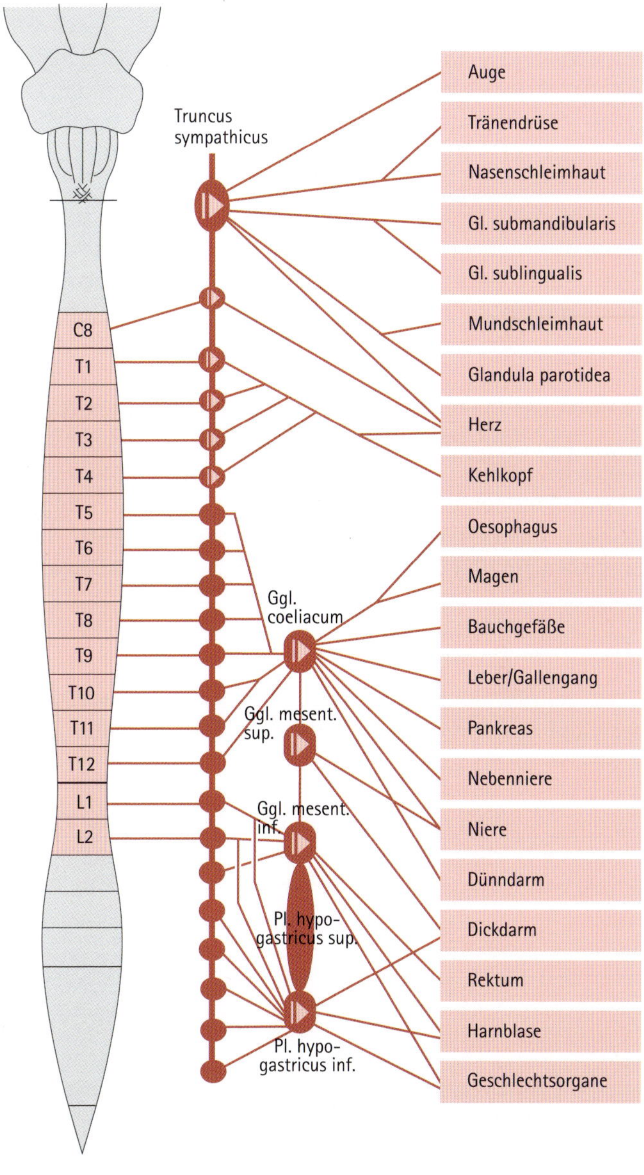

- Die Umschaltung der präganglionären parasympathischen Fasern für die inneren Augenmuskeln, Tränen-, Nasen- und Speicheldrüsen erfolgt in den vier parasympathischen Ganglien des Kopfes. Jedes Ganglion hat neben dem parasympathischen (Radix parasympathica) auch einen sympathischen (Radix sympathica) und einen sensiblen Anteil (Radix sensoria). Die Umschaltung der postganglionären sympathischen Fasern erfolgt jedoch in den paravertebralen Ganglien des Truncus sympathicus.

- Die parasympathischen Fasern zur Innervation des M. sphincter pupillae und des M. ciliaris entstammen dem Nucleus accessorius nervi oculomotorii (Edinger-Westphal), verlaufen mit dem N. oculomotorius und werden im Ganglion ciliare umgeschaltet. Der M. dilatator pupillae wird vom Sympathikus innerviert (weite Pupillen → sympathisch).

- Die sekretorischen parasympathischen Fasern zur Innervation von Gaumen-, Nasen- und Tränendrüsen ziehen mit der sympathischen Wurzel (N. petrosus profundus aus dem Plexus caroticus internus) als N. canalis pterygoidei durch den gleichnamigen Kanal zum Ganglion pterygopalatinum. Im Ganglion findet die Umschaltung statt, die Fasern der Radix parasympathica stammen aus dem Nucleus salivatorius superior.

- Die parasympathischen Fasern für Submandibular- und Sublingualdrüse sowie für Drüsen der vorderen Zungenbereiche kommen aus dem Nucleus salivatorius superior und werden im Ganglion submandibulare umgeschaltet. Die Radix sympathica entstammt dem Plexus caroticus externus.

- Die Glandula parotidea wird durch parasympathische Fasern versorgt, die aus dem Nucleus salivatorius inferior stammen und im Ganglion oticum umgeschaltet werden. Sie verlaufen zunächst im N. tympanicus (Jacobson-Anastomose) und dann als N. petrosus minor zum Ganglion.

Neuronenschaltung im vegetativen Nervensystem

Sie verläuft über mindestens zwei Stationen, daher ist immer eine Umschaltung erforderlich. Transmitter der präsynaptischen Anteile ist Acetylcholin (*Ach*). Beim Parasympathikus wird *Ach* auch von den postsynaptischen Fasern ausgeschüttet. Postganglionäre sympathische Fasern verwenden Noradrenalin (*NA*).

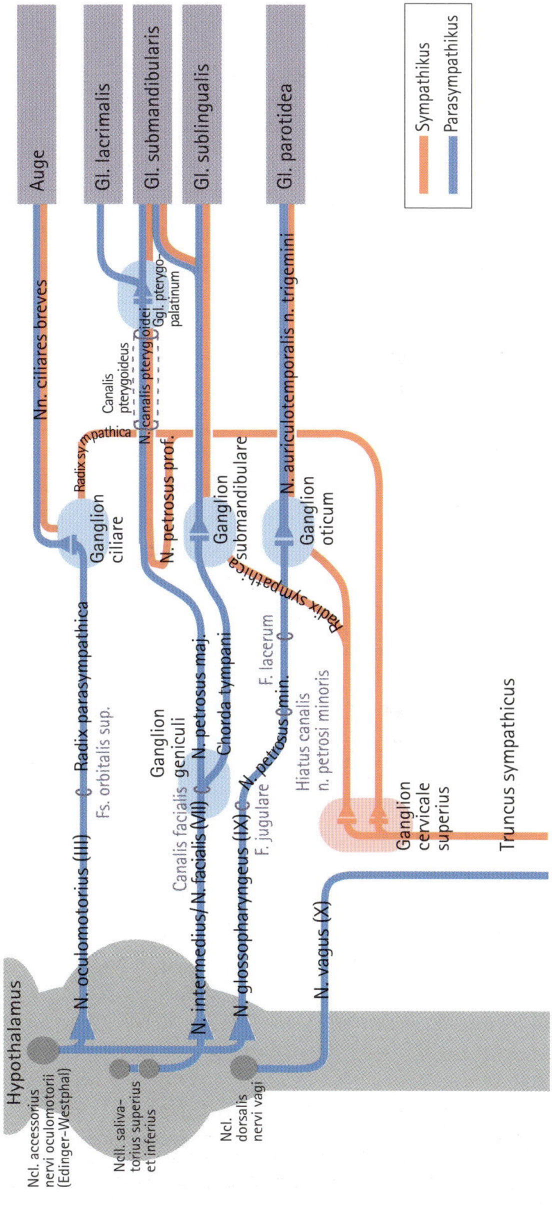
Auge
Gl. lacrimalis
Gl. submandibularis
Gl. sublingualis
Gl. parotidea
Sympathikus
Parasympathikus
Nn. ciliares breves
Ggl. pterygo-
palatinum
Canalis
pterygoideus
N. canalis pterygoidei
Radix sympathica
N. petrosus prof.
N. auriculotemporalis n. trigemini
Ganglion
ciliare
Ganglion
submandibulare
Ganglion
oticum
Radix sympathica
Radix parasympathica
Fs. orbitalis sup.
Ganglion
geniculi
N. petrosus maj.
Chorda tympani
F. lacerum
N. petrosus min.
Hiatus canalis
n. petrosi minoris
F. jugulare
Canalis facialis
Ganglion
cervicale
superius
Truncus sympathicus
N. oculomotorius (III)
N. intermedius/N. facialis (VII)
N. glossopharyngeus (IX)
N. vagus (X)
Hypothalamus
Ncl. accessorius
nervi oculomotorii
(Edinger-Westphal)
Ncll. saliva-
torius superius
et inferius
Ncl.
dorsalis
nervi vagi

- Das vegetative Nervengeflecht des Herzens – **Plexus cardiacus** – liegt außerhalb des Perikards und enthält sympathische Fasern in Form der Nn. cardiaci und parasympathische Rr. cardiaci, welche aus dem N. vagus direkt oder aus seinen Ästen (N. laryngeus recurrens) stammen.

- Die sympathischen Fasern des **Plexus pulmonalis** entstammen dem oberen Thorakalmark (T1–T5), die parasympathischen Fasern den Neuronen des Nucleus dorsalis nervi vagi. Auch Afferenzen der Dehnungsrezeptoren der Lunge sind Teil des N. vagus und laufen zum Atemzentrum der Medulla oblongata. Sie begrenzen die Atemtiefe.

- Viele Afferenzen aus den Eingeweiden enden im Nucleus tractus solitarius. Die afferenten Fasern aus dem Bereich der A. carotis verlaufen im N. glossopharyngeus und die aus dem Aortenbereich im N. vagus zu den vegetativen Zentren des Hirnstamms (Feedback). Durch efferente Fasern erfolgt die Anpassung der Körperfunktionen an die jeweilige Situation. So steigert z. B. der Sympathikus die Schlagkraft und -frequenz des Herzens, der Parasympathikus verlangsamt den Herzschlag.

- Vor allem Aorta und A. carotis besitzen Barorezeptoren, die durch Druck des Blutes auf die Gefäßwände erzeugte mechanische Veränderungen registrieren. Weiterhin enthalten beide Gefäße Chemosensoren zur Registrierung der Blutgaswerte in Form von Glomus caroticum und Glomus aorticum.

- Bei einem kräftigen Schlag auf die A. carotis im Bereich des Trigonum caroticum kann es aufgrund der Reflexbögen zu Blutdruckabfall und Herzstillstand kommen, da der registrierte Druck zur Gegenregulation führt.

- Die Integration der vegetativen Steuerung durch Sympathikus und Parasympathikus erfolgt durch das zentrale vegetative Regulationszentrum, den Hypothalamus.

Aufgaben von Parasympathikus und Sympathikus

Der Sympathikus bewirkt eine maximale Bereitstellung von Energie („fight or flight"). Die Parasympathikusaktivität überwiegt in Ruhephasen und fördert die Regeneration („rest and digest").

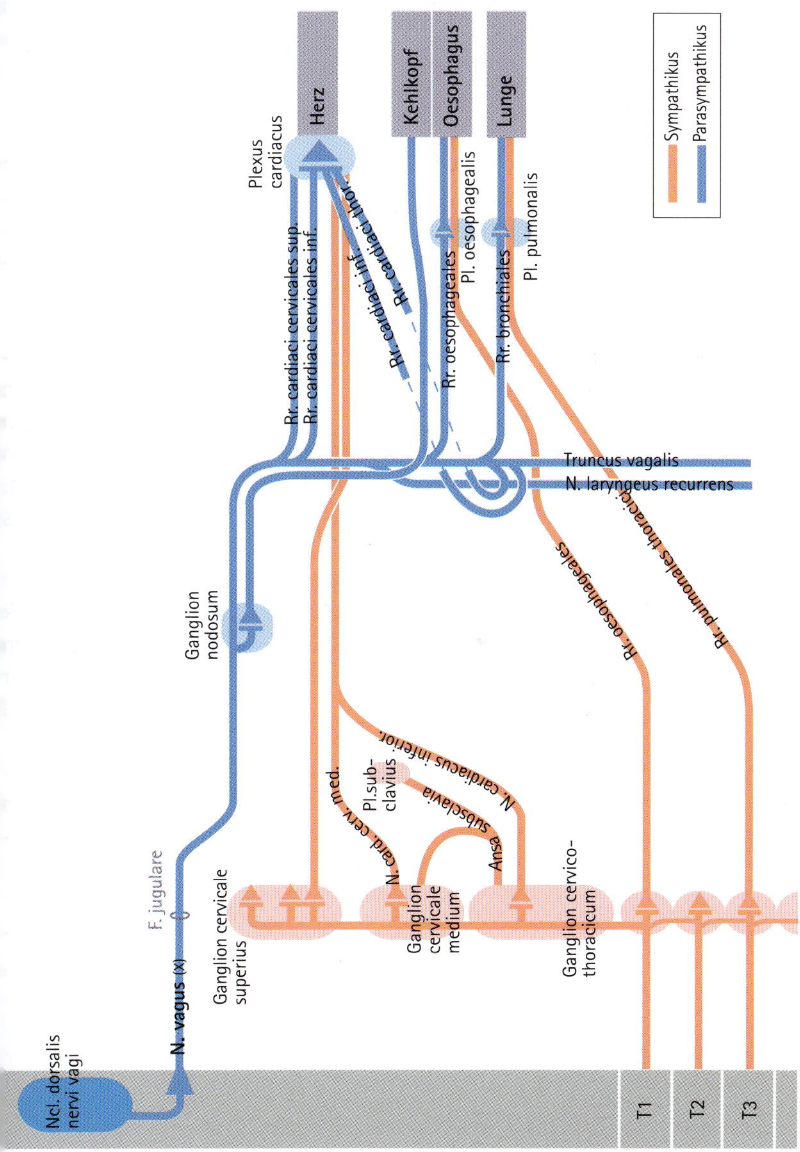

Herz
Kehlkopf
Oesophagus
Lunge
Sympathikus
Parasympathikus
Plexus cardiacus
Rr. cardiaci cervicales sup.
Rr. cardiaci cervicales inf.
Rr. cardiaci inf.
Rr. cardiaci thor.
Rr. oesophageales
Pl. oesophagealis
Rr. bronchiales
Pl. pulmonalis
Truncus vagalis
N. laryngeus recurrens
Rr. oesophageales
Rr. pulmonales thoracici
Ganglion nodosum
N. card. cerv. med.
Pl.sub-clavius
N. cardiacus inferior
Ansa subclavia
F. jugulare
N. vagus (X)
Ganglion cervicale superius
Ganglion cervicale medium
Ganglion cervico-thoracicum
Ncl. dorsalis nervi vagi
T1
T2
T3

- Der Oesophagus wird sympathisch durch die **Rr. oesophageales** aus dem Ganglion stellatum bzw. aus dem Plexus aorticus thoracicus und parasympathisch durch die Rr. oesophageales aus dem N. laryngeus recurrens innerviert.

- Der **Plexus coeliacus** ist ein großes vegetatives Nervengeflecht im Bereich des Truncus coeliacus. Er erhält sympathische Fasern aus dem Thorakalmark (über die Nn. splanchnici) und parasympathische Fasern aus dem dorsalen Stamm des N. vagus. So werden Dünndarm, Leber, Milz und Pankreas mit vegetativen Fasern aus dem Plexus coeliacus versorgt. Teilweise bilden sich eigene kleine Nervengeflechte um die Organe (z. B. Plexus pancreaticus).

- Die sympathischen Fasern, welche den Magen innervieren, hemmen dessen Motilität. Die **Rr. gastrici** des N. vagus bilden Geflechte vor und hinter dem Magen (Plexus gastricus anterior et posterior) und fördern Motilität und Sekretion des Magens.

- Das in allen Abschnitten des gastro-intestinalen Traktes enthaltene enterische Nervensystem besteht u. a. aus Plexus myentericus (Auerbach) und Plexus submucosus (Meissner). Das enterische Nervensystem arbeitet prinzipiell unabhängig vom vegetativen Nervensystem, kann aber von diesem beeinflusst werden.

- Aus Läsionen der Sympathikusbahn resultiert das so genannte Hornersyndrom, das durch eine Trias aus Ptosis, Miosis und (scheinbarem) Enophthalmus gekennzeichnet ist.

Wirkweise des Parasympathikus im Verdauungstrakt

Der Parasympathikus fördert Sekretion und Motilität der Verdauungsorgane, und bewirkt so die Auffüllung der Energiespeicher des Organismus.

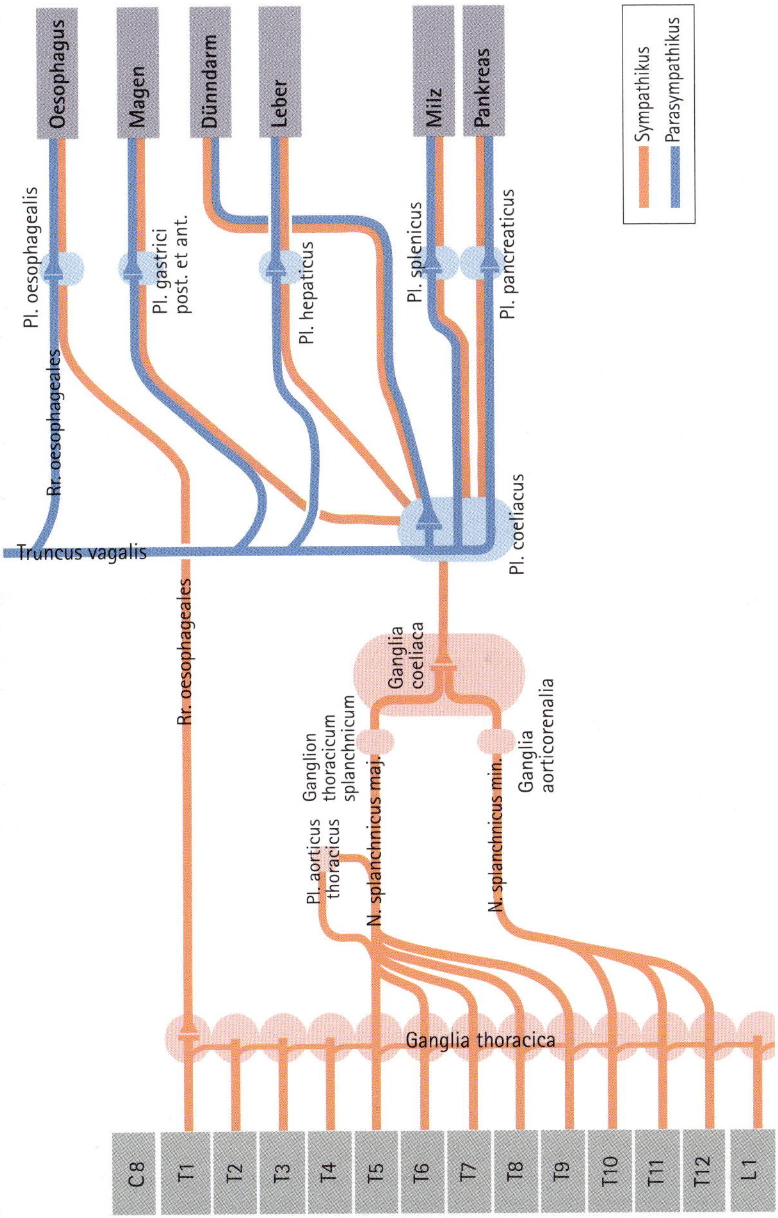

Oesophagus
Magen
Dünndarm
Leber
Milz
Pankreas
Sympathikus
Parasympathikus
Pl. oesophagealis
Pl. gastrici post. et ant.
Pl. hepaticus
Pl. splenicus
Pl. pancreaticus
Rr. oesophageales
Truncus vagalis
Pl. coeliacus
Rr. oesophageales
Ganglia coeliaca
Ganglion thoracicum splanchnicum
Ganglia aorticorenalia
Pl. aorticus thoracicus
N. splanchnicus maj.
N. splanchnicus min.
Ganglia thoracica
C8
T1
T2
T3
T4
T5
T6
T7
T8
T9
T10
T11
T12
L1

- Die sympathischen Fasern für die Niere stammen aus den Ganglia coeliaca und bilden den **Plexus renalis**, der die Nierengefäße sowie den juxtaglomerulären Apparat innerviert.

- Das **Nebennierenmark** entsteht aus Neuralleistenzellen (Sympathikoblasten) und kann als Paraganglion des vegetativen Nervensystems aufgefasst werden. Die A- und N-Zellen des Nebennierenmarks produzieren die Katecholamine Adrenalin und Noradrenalin.

- Die vegetativen Nervenfasern zur Innervation der Blase kommen aus dem Plexus hypogastricus inferior bzw. aus dem Plexus vesicalis. Die Entleerung der Blase wird durch Sympathikus und Parasympathikus gesteuert, unterliegt aber natürlich auch der Willkür: Parasympathische Fasern aus S2–S5 bewirken die Kontraktion des M. detrusor, der Sympathikus erregt die Muskulatur des Trigonum vesicae. Die Miktion ist ein unabhängiger Reflex, unterliegt aber der zentralen Kontrolle durch das pontine Blasenzentrum.

- Die Ovarien werden neben dem Plexus ovaricus aus mehreren Nervengeflechten mit vegetativen Fasern versorgt (Plexus mesentericus superior, Plexus renalis, Plexus rectalis). Der Uterus wird durch sympathische Fasern aus dem Ganglion mesentericus inferius und durch parasympathische Anteile aus S3 und S4 innerviert. Die Vagina wird durch vegetative Nerven aus dem Plexus uterovaginalis versorgt.

- Die Hoden werden durch Fasern aus dem Plexus testicularis, die Prostata aus dem Plexus prostaticus innerviert. Der Penis wird neben den parasympathischen Nn. splanchnici auch von sympathischen Fasern aus den Beckengeflechten erreicht.

- Beim Mann wird die Erektion parasysmpathisch über die Nn. splanchnici pelvici (Nn. erigentes) gesteuert, die Ejakulation wird durch den Sympathikus ausgelöst.

AUFTEILUNG DES VEGETATIVEN NERVENSYSTEMS

- Sympathikus → thorakolumbaler Anteil des vegetativen NS
- Parasympathikus → kraniosakraler Anteil des vegetativen NS

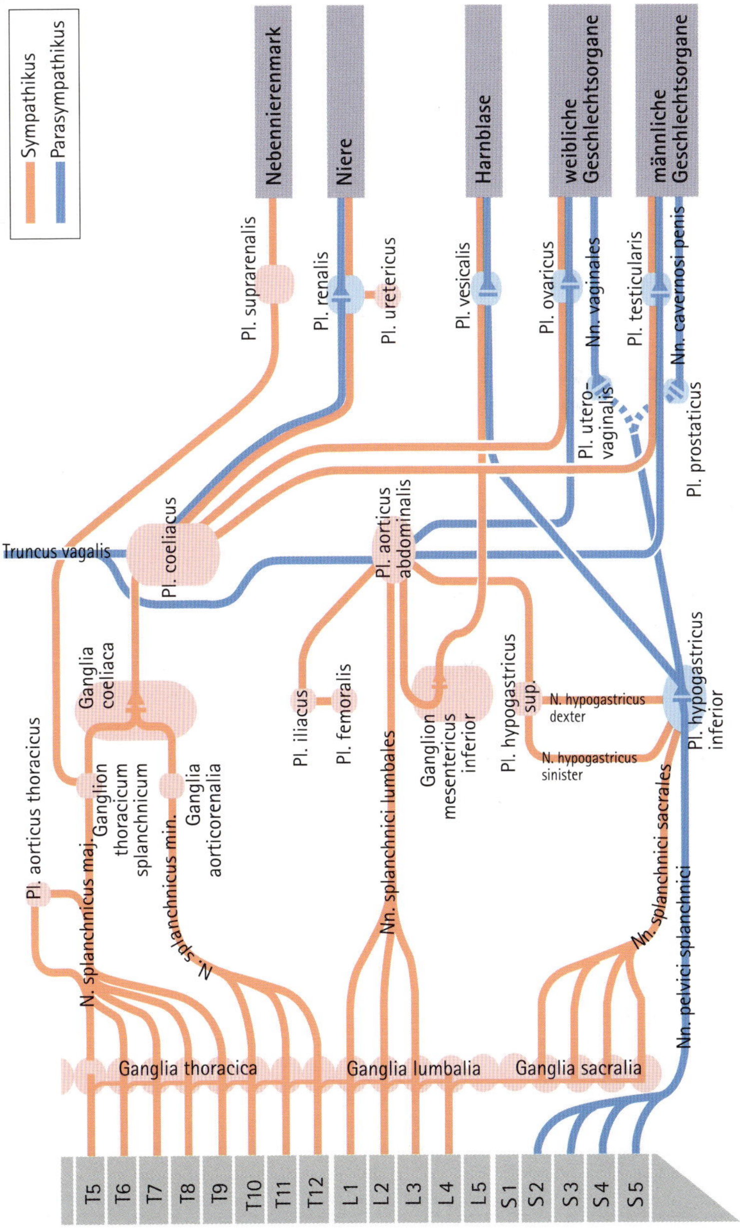
Sympathikus
Parasympathikus
Nebennierenmark
Niere
Harnblase
weibliche Geschlechtsorgane
männliche Geschlechtsorgane
Pl. suprarenalis
Pl. renalis
Pl. uretericus
Pl. vesicalis
Pl. ovaricus
Nn. vaginales
Pl. testicularis
Nn. cavernosi penis
Pl. utero-vaginalis
Pl. prostaticus
Truncus vagalis
Pl. coeliacus
Pl. aorticus abdominalis
Ganglia coeliaca
Pl. iliacus
Pl. femoralis
Ganglion mesentericus inferior
Pl. hypogastricus sup.
N. hypogastricus dexter
N. hypogastricus sinister
Pl. hypogastricus inferior
Pl. aorticus thoracicus
Ganglion thoracicum splanchnicum
Ganglia aorticorenalia
N. splanchnicus maj.
N. splanchnicus min.
Nn. splanchnici lumbales
Nn. splanchnici sacrales
Nn. pelvici splanchnici
Ganglia thoracica
Ganglia lumbalia
Ganglia sacralia
T5
T6
T7
T8
T9
T10
T11
T12
L1
L2
L3
L4
L5
S1
S2
S3
S4
S5

- Die vegetativen Fasern zur Innervation des Dickdarms stammen aus dem **Plexus mesentericus superior**, welcher sympathische Anteile über die Nn. splanchnici und parasympathische Anteile über den N. vagus erhält.

- Die vagale Innervation des Darms erfolgt etwa bis zur Mitte des Colon transversum (Cannon-Böhm-Punkt). Die folgenden Darmabschnitte werden aus dem sakralen Anteil des Parasympathikus innerviert.

- Der **Plexus hypogastricus inferior** erhält sympathische Fasern über die Nn. hypogastrici aus dem Plexus hypogastricus superior.

- Die parasympathischen Fasern für das Rektum stammen aus den sakralen Rückenmarkssegmenten und werden in den intramuralen Ganglien umgeschaltet. Sympathische Fasern gelangen aus dem Plexus hypogastricus inferior zum Rektum. Auch Colon descendens und Colon sigmoideum werden parasympathisch aus dem Plexus hypogastricus inferior versorgt.

- Dehnungssensoren im oberen Rektum veranlassen bei entsprechender Füllung des Enddarms die Defäkation. Im Zusammenspiel der vegetativen Systeme erschlafft der innere Analsphinkter (der M. sphincter ani externus unterliegt der willkürlichen Kontrolle), und es kommt zur Stuhlentleerung.

- Bleibt bei inkompletten Läsionen des Rückenmarks die absteigende motorische Kontrolle von Rektum bzw. Blase erhalten, laufen Defäkation bzw. Miktion auch weiterhin als autonome Reflexe ab. Bei kompletter Querschnittslähmung sind alle zentral gesteuerten Funktionen des Rückenmarks unterhalb der Läsion aufgehoben.

Vegetatives Nervensystem und Homöostase

Das Zusammenspiel beider antagonistischer Anteile des vegetativen Nervensystems dient der Erhaltung des Gleichgewichts der Körperfunktionen (Homöostase). Wenn die Homöostase des Körpers durch somatische vegetative Dysregulation gestört ist, kann das psychosomatische Ursachen haben.

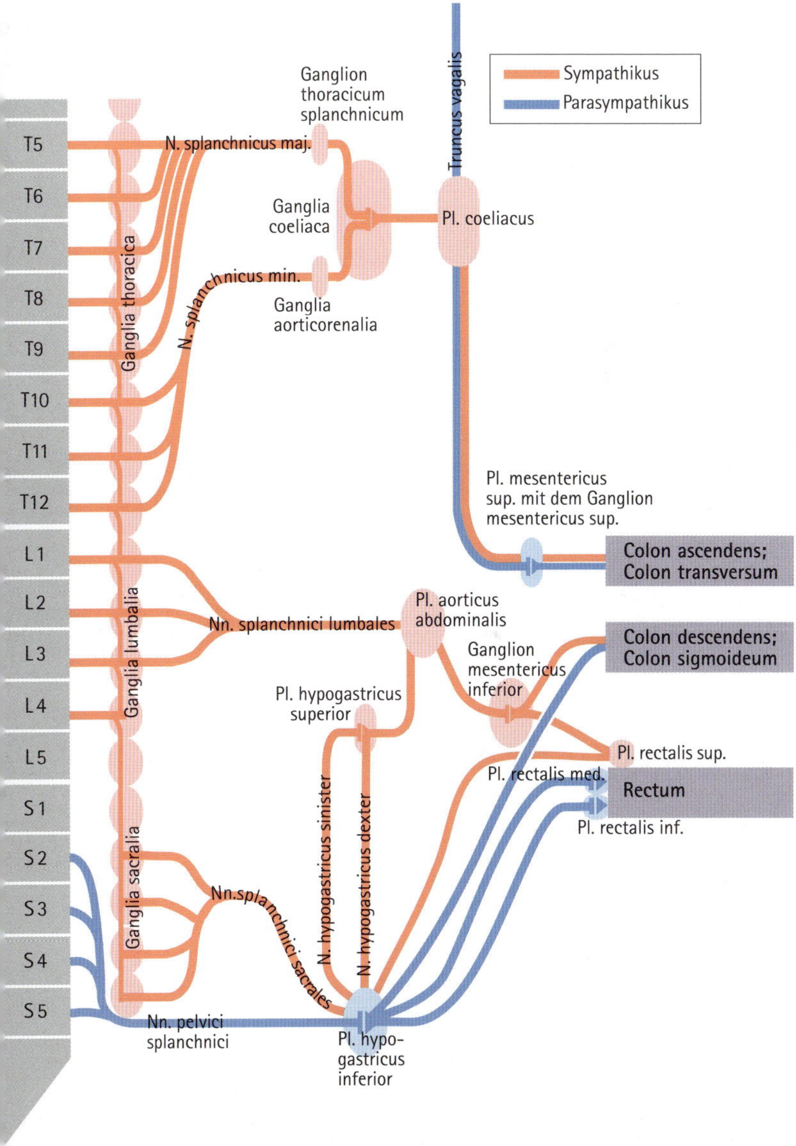
Sympathikus
Parasympathikus
T5
T6
T7
T8
T9
T10
T11
T12
L1
L2
L3
L4
L5
S1
S2
S3
S4
S5
Ganglia thoracica
Ganglia lumbalia
Ganglia sacralia
N. splanchnicus maj.
N. splanchnicus min.
Ganglion thoracicum splanchnicum
Ganglia coeliaca
Ganglia aorticorenalia
Truncus vagalis
Pl. coeliacus
Pl. mesentericus sup. mit dem Ganglion mesentericus sup.
Colon ascendens; Colon transversum
Nn. splanchnici lumbales
Pl. aorticus abdominalis
Colon descendens; Colon sigmoideum
Ganglion mesentericus inferior
Pl. hypogastricus superior
N. hypogastricus sinister
N. hypogastricus dexter
Pl. rectalis sup.
Pl. rectalis med.
Rectum
Pl. rectalis inf.
Nn. splanchnici sacrales
Nn. pelvici splanchnici
Pl. hypogastricus inferior

Die einzelnen Tafeln im Überblick

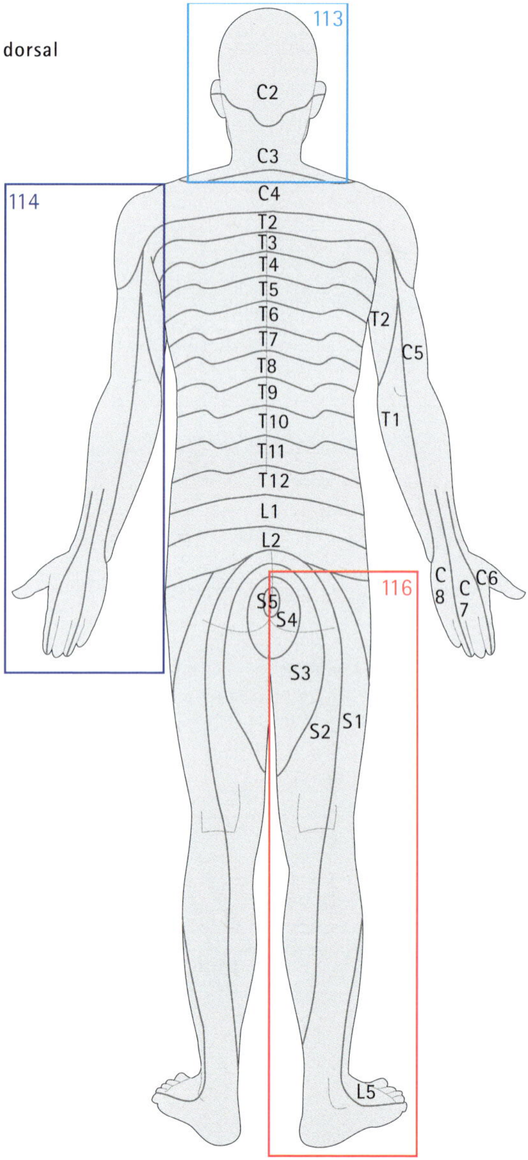

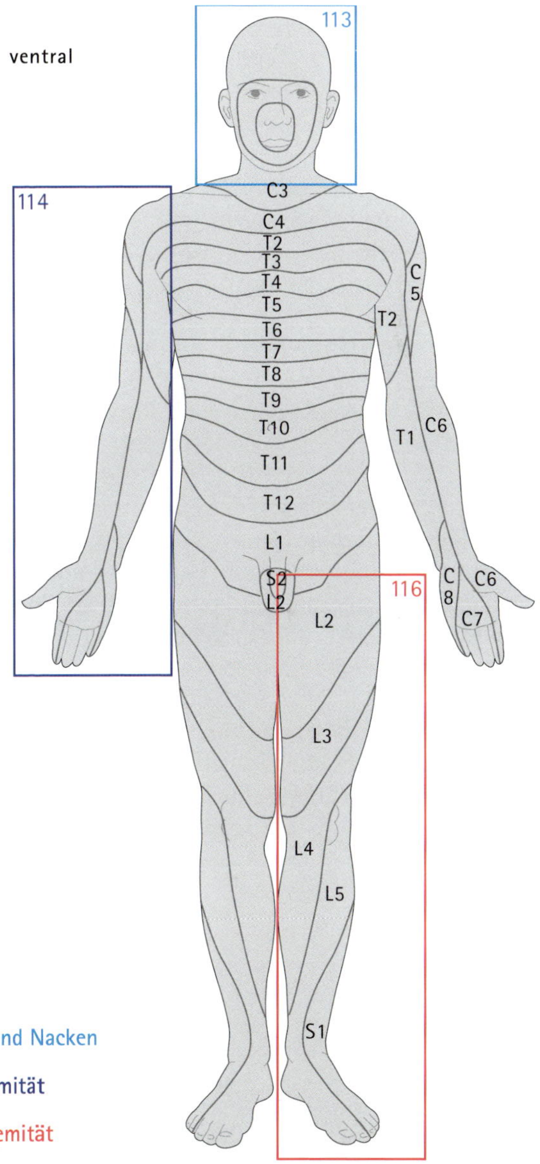

113 Kopf, Hals und Nacken

114 Obere Extremität

116 Untere Extremität

- Aufgabe des sensiblen Nervensystems ist es, Reize aus dem Körperinneren, der Körperoberfläche oder aus der Umgebung aufzunehmen, weiterzuleiten und zu verarbeiten. Die Reizaufnahme erfolgt über spezialisierte Strukturen (Rezeptoren). Anschließend werden die Erregungsmuster über afferente Nerven bzw. aufsteigende Rückenmarksbahnen der sensiblen Hirnrinde zugeleitet.

- Mechanorezeptoren von Kutis und Subkutis sind neben freien Nervenendigungen Meissner-Tastkörperchen (Tastsinn, Druckempfindung), Merkel-Scheibe (Druck), Vater-Pacini-Körperchen (Vibration) und Ruffini-Körperchen (Dehnung).

- **Dermatome** sind Hautbereiche, die jeweils von einem Rückenmarkssegment sensibel innerviert werden. Die Kenntnis der Verteilung der Dermatome ist für die Diagnose von Erkrankungen des Rückenmarks von großer Bedeutung.

SN

- Bei einer halbseitigen Läsion des Rückenmarks kommt es zur dissoziierten Sensibilitätsstörung (Brown-Séquard-Syndrom). Hierbei ist auf der ipsilateralen Körperseite des Patienten unterhalb der Läsion die Tiefensensibilität und auf der kontralateralen Seite die protopathische Sensibilität reduziert oder aufgehoben. Die Berührungsempfindung bleibt meist auf beiden Körperseiten erhalten.

- Im Rahmen einer klinischen Untersuchung kann durch Prüfung epikritischer und protopathischer Sensibilität auf eventuell bestehende neurologische Störungen rückgeschlossen werden.

EINTEILUNG SENSIBLER QUALITÄTEN NACH HEAD

- Epikritische Sensibilität → Wahrnehmung von Berührungs- und Temperaturreizen, Fähigkeit zur Lokalisation und Diskriminierung von Reizen
- Protopathische Sensibilität → Schmerz- und Temperaturwahrnehmung
- Propriozeptive Sensibilität → Tiefensensibilität

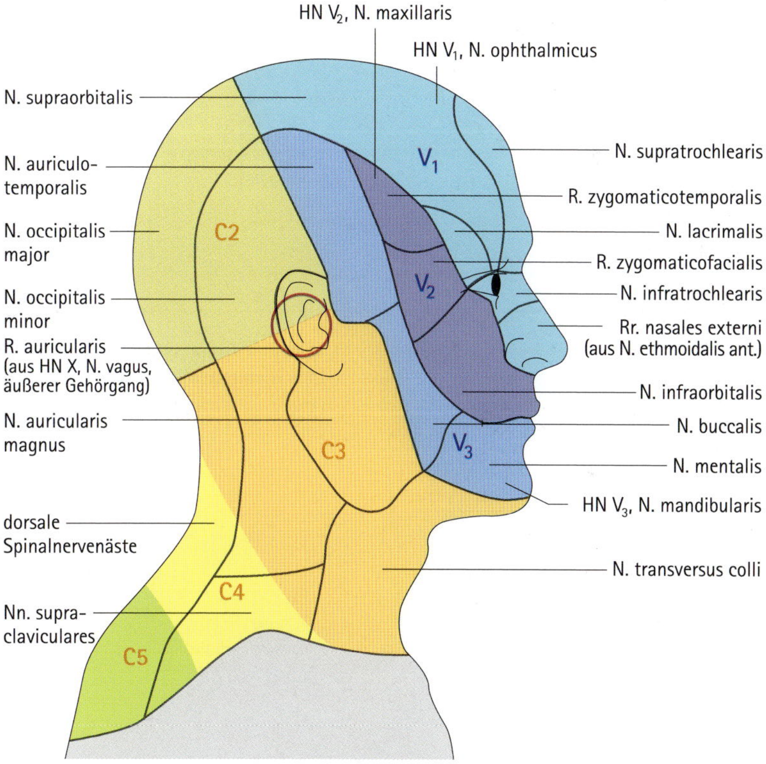
HN V2, N. maxillaris
HN V1, N. ophthalmicus
N. supraorbitalis
N. auriculo-temporalis
N. occipitalis major
N. occipitalis minor
R. auricularis (aus HN X, N. vagus, äußerer Gehörgang)
N. auricularis magnus
dorsale Spinalnervenäste
Nn. supra-claviculares
N. supratrochlearis
R. zygomaticotemporalis
N. lacrimalis
R. zygomaticofacialis
N. infratrochlearis
Rr. nasales externi (aus N. ethmoidalis ant.)
N. infraorbitalis
N. buccalis
N. mentalis
HN V3, N. mandibularis
N. transversus colli
V1
V2
V3
C2
C3
C4
C5

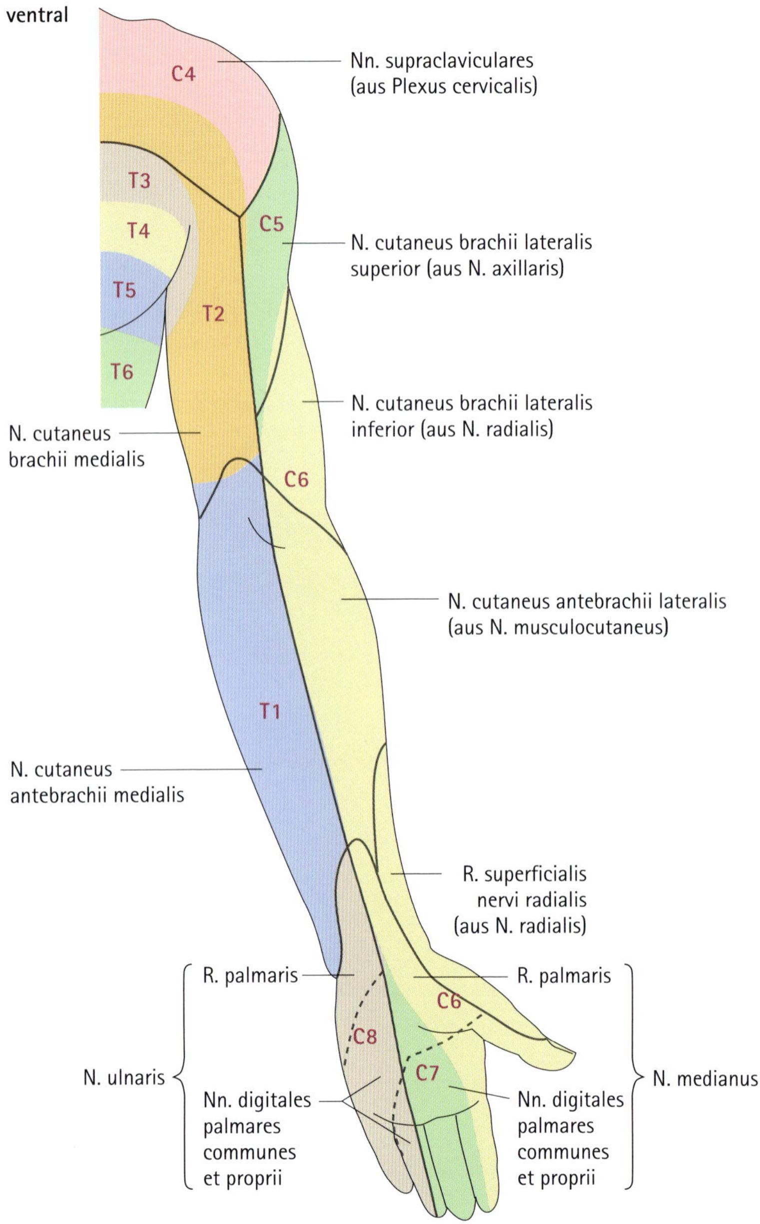
ventral
C4
Nn. supraclaviculares (aus Plexus cervicalis)
T3
T4
C5
N. cutaneus brachii lateralis superior (aus N. axillaris)
T5
T2
T6
N. cutaneus brachii lateralis inferior (aus N. radialis)
N. cutaneus brachii medialis
C6
N. cutaneus antebrachii lateralis (aus N. musculocutaneus)
T1
N. cutaneus antebrachii medialis
R. superficialis nervi radialis (aus N. radialis)
R. palmaris
R. palmaris
C6
C8
N. ulnaris
C7
N. medianus
Nn. digitales palmares communes et proprii
Nn. digitales palmares communes et proprii

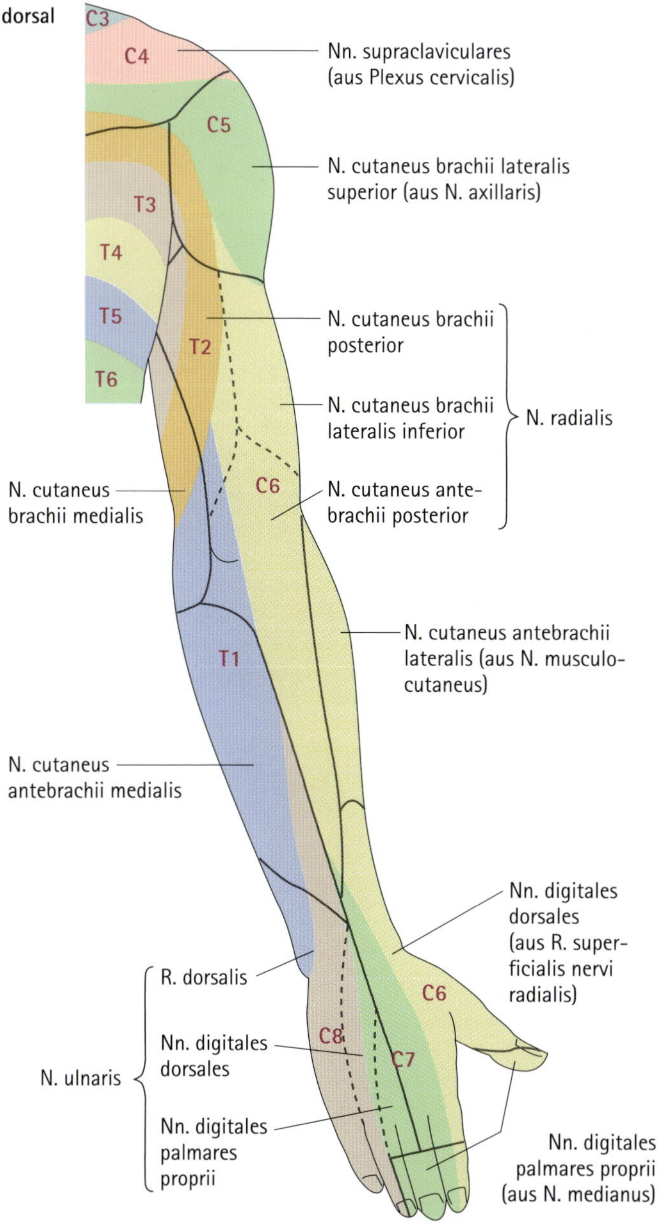
dorsal
C3
C4
C5
T3
T4
T5
T6
T2
C6
T1
C8
C7
C6
Nn. supraclaviculares (aus Plexus cervicalis)
N. cutaneus brachii lateralis superior (aus N. axillaris)
N. cutaneus brachii posterior
N. cutaneus brachii lateralis inferior
N. cutaneus antebrachii posterior
N. radialis
N. cutaneus brachii medialis
N. cutaneus antebrachii lateralis (aus N. musculocutaneus)
N. cutaneus antebrachii medialis
Nn. digitales dorsales (aus R. superficialis nervi radialis)
R. dorsalis
Nn. digitales dorsales
Nn. digitales palmares proprii
N. ulnaris
Nn. digitales palmares proprii (aus N. medianus)

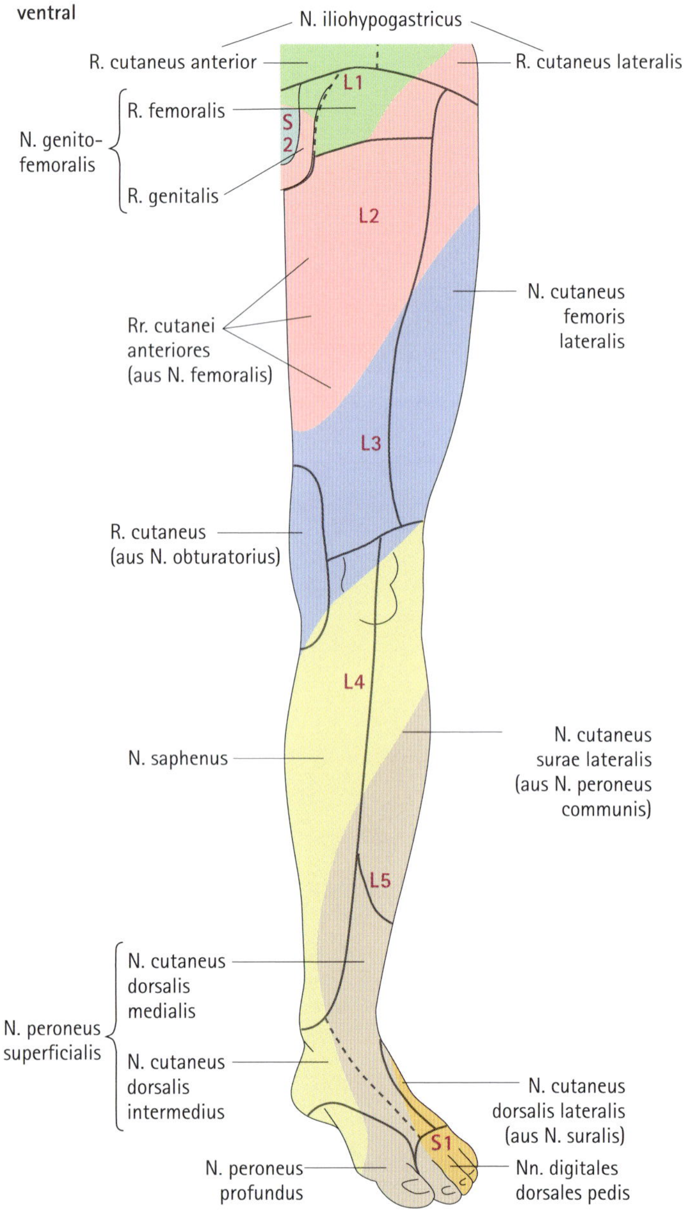
ventral
N. iliohypogastricus
R. cutaneus anterior
R. cutaneus lateralis
L1
R. femoralis
N. genito-
femoralis
S
2
R. genitalis
L2
N. cutaneus
femoris
lateralis
Rr. cutanei
anteriores
(aus N. femoralis)
L3
R. cutaneus
(aus N. obturatorius)
L4
N. cutaneus
surae lateralis
(aus N. peroneus
communis)
N. saphenus
L5
N. cutaneus
dorsalis
medialis
N. peroneus
superficialis
N. cutaneus
dorsalis
intermedius
N. cutaneus
dorsalis lateralis
(aus N. suralis)
S1
N. peroneus
profundus
Nn. digitales
dorsales pedis

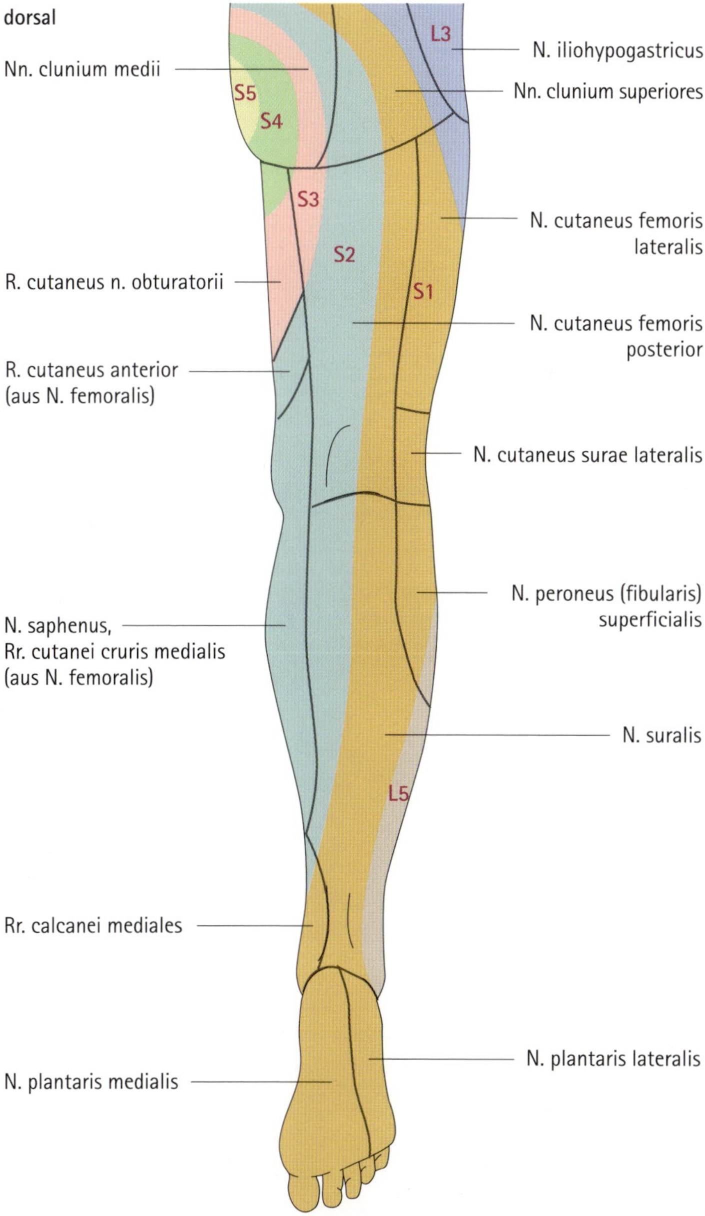
dorsal
Nn. clunium medii
S5
S4
S3
S2
S1
L3
L5
N. iliohypogastricus
Nn. clunium superiores
N. cutaneus femoris lateralis
R. cutaneus n. obturatorii
N. cutaneus femoris posterior
R. cutaneus anterior (aus N. femoralis)
N. cutaneus surae lateralis
N. peroneus (fibularis) superficialis
N. saphenus, Rr. cutanei cruris medialis (aus N. femoralis)
N. suralis
Rr. calcanei mediales
N. plantaris lateralis
N. plantaris medialis

Die wichtigsten Gelenke

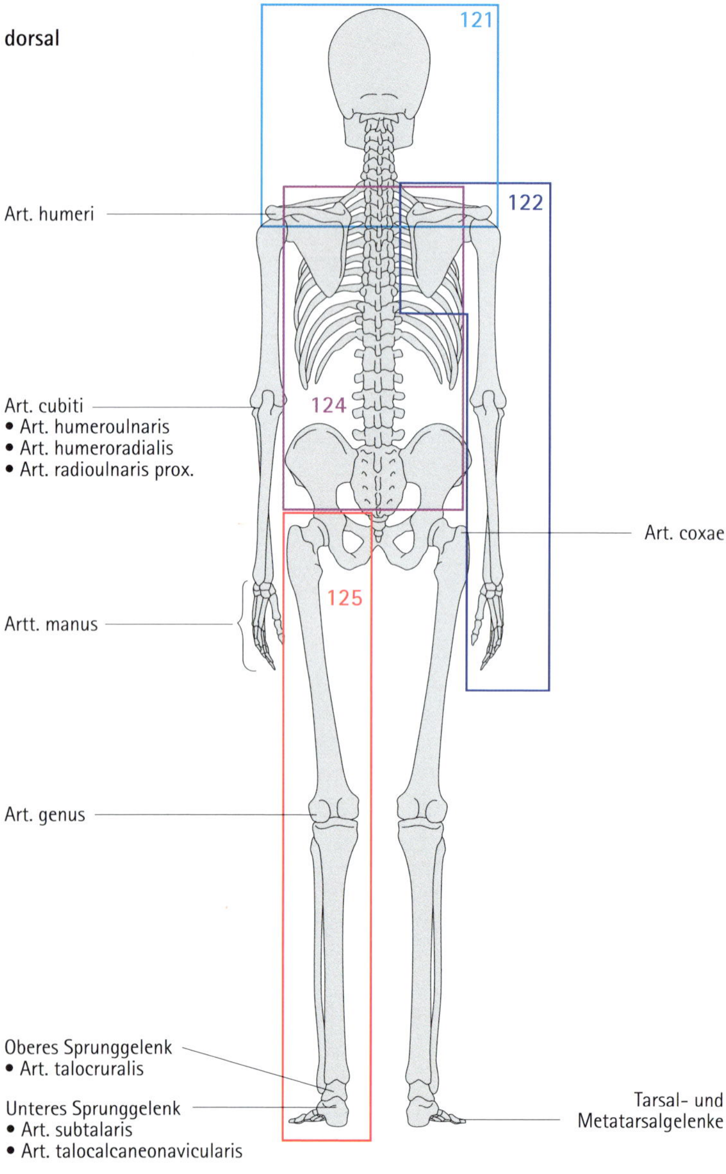

G

Die einzelnen Tafeln im Überblick

ventral

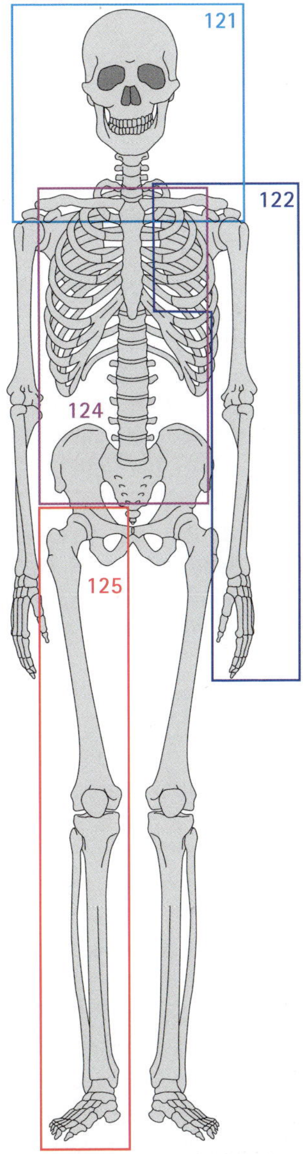

- **Synarthrosen** werden als „falsche“ oder kontinuierliche Gelenke ohne Gelenkspalt bezeichnet.
  Articulationes fibrosae:
  → **Syndesmose:** bandhafte Verbindung zweier Knochen über kollagenes oder elastisches Bindegewebe.
  → **Synostose** (Art. ossea): Verbindung zweier Knochen über Knochengewebe.
  → **Gomphosis:** Art. dentoalveolaris
  Synchondrose (Art. cartilaginea): Verbindung zweier Knochen durch hyalinen Knorpel.
  Hemiarthrose: Synarthrose mit flüssigkeitsgefülltem Spalt.

- **Diarthrosen** (Artt. synoviales) werden als „echte“ oder diskontinuierliche Gelenke bezeichnet. Ihre charakteristischen Merkmale sind **Gelenkspalt** (Spatium articularis), **Gelenkknorpel** (Cartilago articularis), **Gelenkhöhle** (Cavitas articularis) und **Gelenkkapsel** (Capsula articularis). Die Gelenkhöhle enthält **Gelenkschmiere** (Synovia), welche die Reibungskräfte minimiert und den Gelenkknorpel ernährt. Einige Gelenke weisen Hilfsstrukturen auf, z. B. Bänder (Ligamenti), Schleimbeutel (Bursae synoviales) oder Zwischenscheiben (Disci articulares).
  Art. simplex: einfaches Gelenk, das aus zwei Knochen besteht.
  Art. composita: zusammengesetztes Gelenk mit mehr als zwei Knochen.
  Bikondyläres Gelenk (Art. bicondylaris): besitzt zwei Gelenkrollen und einen Freiheitsgrad.
  Flaches Gelenk (Art. plana): besitzt ebene Gelenkflächen.
  Wackelgelenk (Amphiarthrose): echtes Gelenk mit Gelenkspalt, dessen Beweglichkeit durch einen straffen Bandapparat nahezu vollständig eingeschränkt ist.
  Kugelgelenk (Art. spheroidea): dreiachsiges Gelenk mit drei Freiheitsgraden.
  Eigelenk (Art. ellipsoidea): besitzt zwei Freiheitsgrade.
  Sattelgelenk (Art. sellaris): sattelförmige Gelenkflächen mit zwei Freiheitsgraden.
  Drehgelenk (Art. trochoidea): besitzt einen Freiheitgrad.
  Scharniergelenk (Gynglimus): besitzt einen Freiheitsgrad. Die Bewegung ist durch Kollateralbänder gesichert.

Gelenk	Gelenkflächen	Gelenktyp	Funktion	Strukturen	Klinische Relevanz
Articulationes cranii (Kopfgelenke)					
Oberes Kopfgelenk (Art. atlanto-occipitalis)	Condylus occipitalis des Os occipitale; Facies articularis superior der Massa lateralis atlantis	Anatomisches Eigelenk	Flexion; Extension; Seitneigung des Kopfes	Lig. atlanto-occipitale laterale	
Seitliches unteres Kopfgelenk (Art. atlantoaxialis lat.)	Facies articularis inferior der Massa lateralis atlantis; Processus articularis superior des Axis	Drehgelenk	Rotation des Kopfes	Ligg. alaria; Lig. apicis dentis; Lig. cruciforme; Lig transversum atlantis; Membrana tectoria	Transdentale Atlasluxationsfraktur: Abbruch der Dens axis, Atlas weicht nach ventral, dorsal oder lateral
Mittleres unteres Kopfgelenk (Art. atlantoaxialis mediana)	Fovea dentis des Arcus ant. atlantis; Facies articulares ant. et post. des Dens axis; Ventralfläche des Lig. transversum atlantis				
Kiefergelenk (Art. temporomandibularis)	Facies articularis der Fossa mandibularis und des Tuberculum articulare an der Pars squamosa des Os temporale; Caput mandibulae am Processus condylaris der Mandibula	Gleit-Scharniergelenk, Eigelenk	Gleit- und Schiebebewegung des Kiefers	Discus articularis; Lig. laterale; Lig. mediale; Lig. stylomandibulare; Lig. sphenomandibulare	Kiefersperre; Myarthropathie des Kiefergelenks (myofasziales Schmerz-Dysfunktions-Syndrom)
Gelenke des Kehlkopfes					
Ringknorpel-Stellknorpel-Gelenk (Art. cricoarytenoidea)	Cartilago cricoidea; Basis des Stellknorpels	Freies Zylindergelenk, Kugelgelenk	Schiebe- und Drehbewegung; Erweiterung/Verengung der Stimmritze	Lig. cricoarytenoideum; Lig. cricopharyngeum	
Ringknorpel-Schildknorpel-Gelenk (Art. cricothyroidea)	Cornu inferius der Cartilago thyroidea; Facies articularis thyroidea der Cartilago cricoidea	Scharniergelenk	An-, Entspannung des Lig. vocale durch Kippung der Cartilago thyroidea	Lig. ceratocricoideum	
Articulationes membri superiores (Gelenke der oberen Extremität)					
Articulationes cinguli pectoralis (Gelenke des Schultergürtels)					
Laterales Schlüsselbeingelenk (Art. acromioclavicularis)	Incisura clavicularis des Manubrium sterni; Facies articularis sterni der Klavikula	Anatomisches Kugelgelenk	Bewegungsausführung zusammen mit Schulter-/Sternoklavikulargelenk	Tw. Diskus aus Faserknorpel; Lig. acromioclaviculare; Lig. coracoclaviculare	Selten Luxation

Gelenk	Gelenkflächen	Gelenktyp	Funktion	Strukturen	Klinische Relevanz
Mediales Schlüsselbeingelenk (Art. sternoclavicularis)	Incisura clavicularis des Manubrium sterni; Facies articularis sterni der Extremitas sternalis der Klavikula	Funktionelles Kugelgelenk	Hebung, Senkung, Kreiseldrehung, Vor- und Rückwärtsführung der Klavikula	Ligg. sternoclaviculare anterius et posterius; Lig. interclaviculare; Lig. costoclaviculare; Discus art. aus Faserknorpel	Selten Luxation
Articulationes membri superiores liberi (Armgelenke)					
Schultergelenk (Art. humeri)	Cavitas glenoidalis am Angulus lateralis der Skapula (mit Labrum glenoidale); Caput humeri	Kugelgelenk	Rotation; Anteversion/ Retroversion; Adduktion/ Abduktion	Bandapparat (Lig. coracoacromiale; Lig. coracohumerale; Ligg. glenohumeralia); Bursae; Rotatorenmanschette	Luxationen; Bankert-Läsion; Hill-Sachs-Läsion
Articulatio cubiti (Ellbogengelenk)					
Ellbogengelenk (Art. cubiti)		Kugel-, Dreh-, Scharniergelenk	Flexion/ Extension; Pronation/ Supination		
Oberarmspeichengelenk (Art. humeroradialis)	Humerus (Condylus): Trochlea humeri; Capitulum humeri; Caput radii: Fovea articularis; Circumferentia articularis; Ulna: Incisurae trochlearis et radialis	Kugelgelenk (zwei Freiheitsgrade)	Flexion/ Extension; Rotation	Lig. collaterale ulnare; Lig. collaterale radiale; Lig. anulare radii; Lig. quadratum; (Denucé); Membrana interossea antebrachii	Perianuläre Luxation (nurse luxation; Chassaignac-Lähmung) Herausrutschen des Radiuskopfes (z. B. bei kleinen Kindern infolge ruckartigen Ziehens am Arm)
Oberarmellengelenk (Art. humeroulnaris)		Scharniergelenk	Flexion/ Extension		
Prox. Ellenspeichengelenk (Art. radioulnaris proximalis)		Drehgelenk	Pronation/ Supination		
Distales Ellenspeichengelenk (Art. radioulnaris distalis)	Incisura ulnaris des Radius; Circumferentia articularis des Caput ulnae	Drehgelenk	Pronation/ Supination	Lig. anulare radii; Membrana interossea antebrachii; Chorda obliqua	
Articulationes manus (Gelenke der Hand)					
Proximales Handgelenk (Art. radiocarpalis)	Proximale Flächen der Ossa scaphoideum, lunatum et triquetrum; Facies articularis carp. des Radius; Discus articularis	Eigelenk	Radial-/ Ulnarabduktion; Palmarflexion/ Dorsalextension	Lig. radiocarpale dors.; Lig. radiocarpale palm.; Lig. ulnocarpale palm.; Ligg. collaterale carpi radiale et ulnare	Selten Luxation; Radiusfraktur; Chronische Polyarthritis

Gelenk	Gelenkflächen	Gelenktyp	Funktion	Strukturen	Klinische Relevanz
Articulationes carpi = Articulatio mediocarpalis und Articulationes intercarpales (Distales Handgelenk und Gelenke zwischen distalen und proximalen Handwurzelknochen)					
Handwurzelgelenke (Artt. intercarpales)	Flächen der benachbarten Ossa carpi	Amphiarthrose	Geringer Bewegungsumfang	Ligg. intercarpalia interossea	
Distales Handgelenk (Art. mediocarpalis)	Distale Flächen von Os scaphoideum, Os lunatum und Os triquetrum; proximale Flächen von Os trapezium, Os trapezoideum, Os capitatum und Os hamatum	Verzahntes Scharniergelenk	Palmarflexion/ Dorsalextension	Lig. carpi radiatum; Ligg. intercarpalia dorsalia, palmaria et interossea	Chronische Polyarthritis; Arthrose; Karpaltunnelsyndrom; Frakturen v. a. des Kahnbeins
Erbsenbeingelenk (Art. ossis pisiformis)	Benachbarte Flächen des Os pisiforme und Os triquetrum	Ebenes Gelenk	Verschieblichkeit des Erbsenbeins nach radial/ulnar bzw. distal/proximal	Lig. pisohamatum; Lig. pisometacarpale	
Handwurzel-Mittelhand-Gelenke (Artt. carpometacarpales)	Distale Flächen von Os trapezoideum, Os capitatum und Os hamatum; Bases metacarpales 1–5	Amphiarthrosen	Geringer Bewegungsumfang	Ligg. carpometacarpalia dorsalia et palmaria	
Daumensattelgelenk (Art. carpometacarpalis pollicis)	Distale Fläche des Os trapezium; Basis metacarpalia 1	Sattelgelenk	Abduktion/Adduktion; Reposition/ Opposition; Flexion/Extension; Zirkumduktion	Lig. trapeziometacarpale	Rhizarthrose
Mittelhandknochennebengelenke (Artt. intermetacarpales)	Benachbarte Flächen der Ossa metacarpaliae 2–5	Amphiarthrosen	Bewegungen gemeinsam mit Artt. carpometacarpales	Ligg. metacarpalia dorsalia, palmaria et interossea; Lig. metacarpale transversum profundum	Bandrupturen
Fingergrundgelenke 2–5 (Artt. metacarpophalangeae 2–5)	Caput metacarpale; Bases phalanges proximales 2–5	Kugelgelenk	Palmarflexion/Dorsalextension; Abduktion/Adduktion (bei Dorsalextension); Außen-/ Innenrotation	Ligg. collateralia; Ligg. palmaria	
Fingermittelgelenke (Artt. interphalangeae proximales)	Caput phalangis proximalis; Bases phalanges mediales 2–5	Scharniergelenk mit einem Freiheitsgrad	Palmarflexion/ Dorsalextension		Bouchard-Arthrose

Gelenk	Gelenkflächen	Gelenktyp	Funktion	Strukturen	Klinische Relevanz
Fingerendgelenke (Artt. interphalangeae distales)	Caput phalangis prox. 1; Caput phalanges mediae 2–5, Bases phalanges distales 1–5	Scharniergelenk mit einem Freiheitsgrad	Palmarflexion/ Dorsalextension	Ligg. collateralia; Ligg. palmaria	Heberden-Arthrose
Daumengrundgelenk (Art. metacarpophalangea 1)	Caput metacarpale; Basis phalangis proximalis 1	Scharniergelenk	Palmarflexion/ Dorsalextension	Ligg. collateralia; Ligg. palmaria	Bandrupturen (Skidaumen)
Articulationes vertebrales (Gelenke der Wirbelsäule)					
Wirbelbogengelenke (Artt. zygapophyseae)	Processus articulares superiores et inferiores benachbarter Wirbel	Ebene Gelenke	HWS: starke Ventral- und Dorsalflexion; Rotation; BWS: eingeschränkte Ventral- und Dorsalflexion; Rotation	Falten im Gelenkspalt	Bandscheibenvorfall (Diskusprolaps des Ncl. pulposus, v. a. LWS)
Lenden-Kreuzbein-Gelenk (Art. lumbosacralis)	L5; Os sacrum	Art. composita (Symphysis intervert., synov. Gelenk)		Lig. iliolumbale	Besonders häufig Bandscheibenschäden
Kreuzbein-Steißbein-Gelenk (Art. sacrococcygea)	Apex ossis sacri; kraniales Ende des Steißbeins	Synchondrose		Ligg. longitudinale der Wirbelsäule	Häufig Verknöcherung im mittleren Alter
Articulationes thoracis (Gelenke des Brustkorbs)					
Artt. costovertebrales = Art. capitis costae und Art. costotransversaria (Rippen-Wirbelgelenke)					
Rippenkopfgelenke (Artt. capitis costae)	Fovea costalis superior et inferior der Wirbel; Facies articularis capitis costae	Kugelgelenk mit einem Freiheitsgrad	Rotation um die Achse des Rippenhalses	Lig. capitis costae radiatum; Lig. capitis costae intraarticulare	
Rippen-Querfortsatz-Gelenke (Artt. costotransversaria)	Fovea costalis processi transversi; Facies articularis tuberculi costae (1.–10. Rippe)	Radgelenk mit einem Freiheitsgrad	Rotation um die Achse des Rippenhalses	Lig. costotransversarium mediale, superius et laterale; Lig. lumbocostale	Schmerzen in der Brustwand durch Arthrose der Art. costotransversaria
Brustbein-Rippen-Gelenke (Artt. sternocostales)	Incisurae costales des Sternum; Cartilagines costales	Synchondrose (1. Rippe) bzw. synoviale Gelenke (2.–7. Rippe)	Bewegung von Rippen und Brustbein beim Atmen	Ligg. sternocostalia intraarticularia et radiata	Verknöcherung der Rippenknorpel im fortgeschrittenen Lebensalter
Knochen-Knorpel-Gelenke der Rippen (Artt. costochondrales)	Knorpel und Knochen der Rippen	Amphiarthrosen	Keine eigenständigen Bewegungen		Verdickung der Knorpel-Knochengrenzen bei Rachitis (Rachitischer Rosenkranz)

Gelenk	Gelenkflächen	Gelenktyp	Funktion	Strukturen	Klinische Relevanz
Rippenknorpelgelenke (Artt. interchondrales)	7.–10. Rippenknorpel	Ebenes Gelenk	Passive Bewegungen bei der Atmung	Ligg. sternocostalia intraarticularia et radiata	
Articulationes membri inferiores (Gelenke der unteren Extremität)					
Articulationes cinguli pelvici (Gelenke des Beckengürtels)					
Kreuz-Darmbeingelenk (Art. sacroiliaca)	Facies auricularis der Pars lateralis des Os sacrum; Facies auricularis der Facies sacropelvica des Os ilium	Amphiarthrose	Dämpfung; Federung	Ligg. sacroiliaca anteriora, interossea et posteriora; Ligg. iliolumbalia	Bandscheibendegeneration; Morbus Bechterew
Articulationes membri inferiores liberi (Beingelenke)					
Hüftgelenk (Art. coxae)	Acetabulum; Caput femoris	Kugelgelenk, auch Nussgelenk	Anteversion/Retroversion; Abduktion/Adduktion; Innen-/Aussenrotation	Lig. iliofemorale; Lig. ischiofemorale; Lig. pubofemorale; Bursa iliopectinea; Bursa trochanterica	Luxationen im Säuglingsalter oder nach massiver Gewalteinwirkung
Kniegelenk (Art. genus)	Femur: Condylus medialis et lateralis; Facies patellaris; Tibia: Condylus medialis et lateralis; Patella: Facies articularis Menisken: Meniscus lateralis et medialis	Dreh-Scharniergelenk; Art. composita mit zwei Freiheitsgraden	Flexion/Extension; Innen-/Außenrotation in Beugestellung	Menisci; Außenbänder (Ligg. collaterale tibiale et fibulare; Retinacula patellae mediale et laterale; Lig. patellae; Ligg. popliteum obliquum et arcuatum) und Binnenbänder (Ligg. cruciatum anterius et posterius; Lig. transversum genus; Ligg. meniscofemorale anterius et posterius); Bursae	Instabilitäten (Valgus-/Varusinstabilität; vorderes/hinteres Schubladenphänomen); Meniskusschäden (meist Meniscus medialis)
Schienbein-Wadenbein-Gelenk (Art. tibiofibulari)	Condylus lateralis tibiae; Caput fibulae (proximal)	Amphiarthrose	Kaum meßbarer Bewegungsumfang	Ligg. capitis fibulae anterius et posterius	

Gelenk	Gelenkflächen	Gelenktyp	Funktion	Strukturen	Klinische Relevanz
Syndesmosis tibiofibularis	Distale Enden von Tibia und Fibula	Syndesmose	Kaum meßbarer Bewegungsumfang	Lig. tibiofibulare anterius et posterius	Instabilitäten (Valgus-/Varusinstabilität; vorderes/hinteres Schubladenphänomen); Meniskusschäden (meist Meniscus medialis)
Articulationes pedis (Gelenke des Fußes)					
Oberes Sprunggelenk mit Malleolengabel [proximal] (Art. talocruralis)	Tibia: Facies articularis inferior et malleoli; Fibula: Facies articularis malleoli; Talus (Trochlea tali): Facies superior; Facies malleolaris medialis et lateralis	Scharniergelenk	Plantarflexion/ Dorsalextension	Medial: Lig. collaterale mediale (deltoideum) mit Pars tibionavicularis; Pars tibiotalaris anterior et posterior; Pars tibiocalcanea; Lateral: Lig. collaterale laterale (Ligg. talofibulare anterius et posterius; Lig. calcaneofibulare)	Rupturen des Lig. talofibulare anterius (Außenbandriss); Knöchelfrakturen (Einteilung nach Weber)
Unteres Sprunggelenk (Art. talocalcaneanavicularis)	Talus: Facies articulares navicularis et calcanea (anterior et posterior) Kalkaneus: Facies articulares talaris anterior et media	Kugelgelenk, aber nur ein Freiheitsgrad (Verbindung beider Kammern)	Pronation/ Supination	Zusätzlich zur hinteren Kammer: Lig. calcaneonaviculare plantare (Pfannenband); Lig. talonaviculare	Pes valgus (Fuß in Pronationsstellung); Pes varus (Fuß in Supinationsstellung); Klumpfuß (Kombination von Pes valgus und Pes varus)
Unteres Sprunggelenk (Art. subtalaris [talocalcanea])	Talus: Facies articularis calcanea posterior; Kalkaneus: Facies articularis talaris posterior	Scharniergelenk	Pronation/ Supination	Pars tibiocalcanea des Lig. deltoideum; Lig. calcaneofibulare; Ligg. talocalcaneum laterale et mediale; Lig. talocalcaneum interosseum	
Chopart-Gelenklinie (Art. tarsi transversa)	Flächen von Art. talocalcaneonavicularis et calcaneocuboidea	Art. composita	Beitrag zur Summenbewegung von Fußwurzel und Mittelfuß	Lig. bifurcatum (Lig. calcaneonaviculare, Lig. calcaneocuboideum); Lig. calcaneocuboideum plantare	Amputationslinie

Gelenk	Gelenkflächen	Gelenktyp	Funktion	Strukturen	Klinische Relevanz
Fersenbein-Sprungbeingelenk (Art. calcaneocuboidea)		Amphiarthrose		Lig. bifurcatum (Pinzettenband = Lig. calcaneonaviculare dorsale und Lig. calcaneocuboideum)	
Keilbein-Würfelbeingelenk (Art. cuneocuboidea)	Talus: Facies articulares navicularis et calcanea (anterior et posterior); Kalkaneus: Facies articulares talaris anterior et media	Syndesmose	Pro- und Supination	Lig. cuneocuboideum dorsale; Lig. cuneocuboideum interosseum; Lig. cuneocuboideum plantare	Pes planus (Senkfuß, Plattfuß); Pes excavatus (Hohlfuß); Pes transversus (Spreizfuß); Pes adductus (Sichelfuß)
Keilbein-Kahnbeingelenk (Art. cuneonavicularis)		Amphiarthrose		Ligg. cuneonavicularia dorsalia, Ligg. cuneonavicularia plantaria	
Gelenke zwischen den Keilbeinen (Artt. intercuneiformes)			Kaum Bewegungsumfang	Ligg. intercuneiformia dorsalia, interossea et plantaria	
Lisfranc-Gelenklinie (Artt. tarsometatarsales)	Distale Gelenkflächen der Ossa cuneiformia und des Os cuboideum; Bases metatarsales	Amphiarthrose	Federung; Ergänzung der Sprunggelenke	Ligg. tarsometatarsalia dorsalia et plantaria; Ligg. cuneometatarsalia interossea	Amputationslinie
Zwischen-Mittelfußgelenke (Artt. intermetatarsales)	Bases metatarsales	Amphiarthrose	Bewegung zusammen mit Sprunggelenken	Ligg. metatarsalia dorsalia, interossea et plantaria; Lig. intermetatarsale	
Zehengrundgelenke (Artt. metatarsophalangeae)	Caput metatarsale; Basis der Phalanx proximalis	Kugelgelenk	Palmarflexion/ Dorsalextension; Abduktion/ Adduktion	Ligg. collateralia; Ligg. plantaria; Lig. metatarsale transversum profundum	Hallux valgus (Knicken der Großzehe zur Kleinzehenseite); Hallux ridigus (Versteifung im Großzehengrundgelenk)
Zehenmittel- und Endgelenke (Artt. interphalangeae pedis)	Caput der Phalanx proximalis bzw. media; Basis der Phalanx media bzw. distalis	Scharniergelenke	Plantarflexion/ Dorsalextension	Ligg. collateralia; Ligg. plantaria	Hammerzehe; Krallenzehe

Die wichtigsten Muskeln

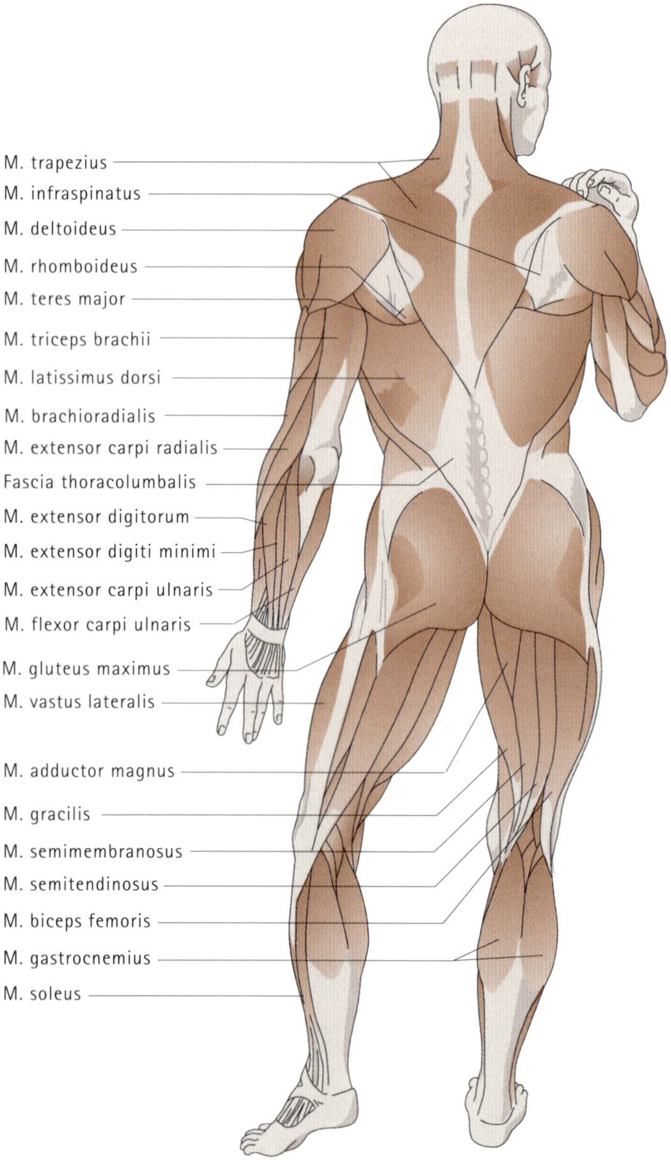

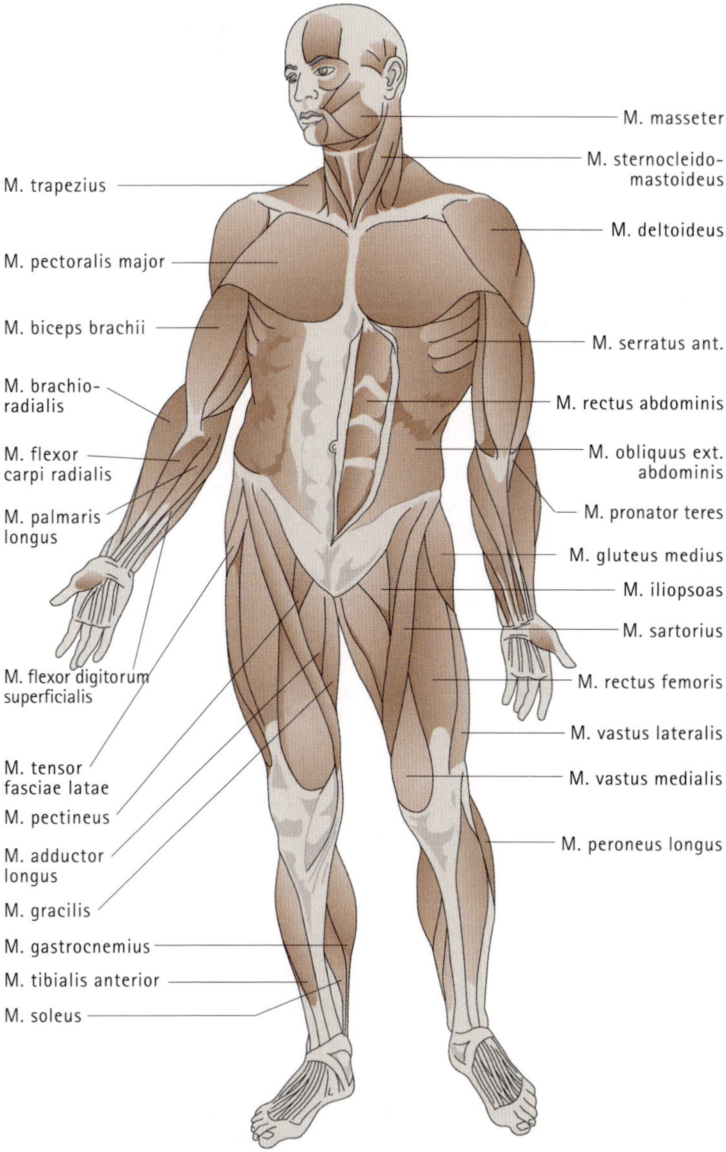
M. masseter
M. sternocleido-mastoideus
M. trapezius
M. deltoideus
M. pectoralis major
M. biceps brachii
M. serratus ant.
M. brachio-radialis
M. rectus abdominis
M. flexor carpi radialis
M. obliquus ext. abdominis
M. palmaris longus
M. pronator teres
M. gluteus medius
M. iliopsoas
M. sartorius
M. flexor digitorum superficialis
M. rectus femoris
M. vastus lateralis
M. tensor fasciae latae
M. vastus medialis
M. pectineus
M. peroneus longus
M. adductor longus
M. gracilis
M. gastrocnemius
M. tibialis anterior
M. soleus

Muskel	Ursprung	Ansatz	Innervation	Funktion
M. epicranius				
M. occipito-frontalis	Venter occipitalis: Linea nuchalis suprema; Venter frontalis: Mm. procerus, corrugator supercilii, orbicularis oculi	Venter occipitalis: Galea aponeurotica; Venter frontalis: Galea aponeurotica, ventral der Sutura coronaria	Venter occipitalis: N. auricularis posterior des N. facialis (VII); Venter frontalis: Rr. temporales des N. facialis (VII)	Hebung der Augenbrauen; Stirnrunzeln; Zurückziehen der Galea aponeurotica; „Erstaunen"
M. tempero-parietalis	Schläfenhaut; Fascia temporalis	Galea aponeurotica	Rr. temporales des N. facialis (VII)	Anhebung des Ohrs
M. corrugator supercilii	Pars nasalis ossis temporalis	Galea aponeurtica; Haut des mittleren Drittels der Augenbrauen	Rr. temporales des N. facialis (VII)	Ziehen der Augenbrauen zur Nasenwurzel; „Denkerstirn"
M. procerus	Os nasale, oberer Anteil des Nasenknorpels	Hautzwischenraum der Augenbrauen	Rr. buccales des N. facialis (VII)	Querfaltenbildung der Nasenwurzel; „Drohung"
M. orbicularis oculi	Orbita (Processus frontalis maxillae, Crista lacrimalis anterior, Ligamentum palpebrale mediale)	Pars palpebralis: Haut Ober-, Unterlid; Pars orbitalis: Orbita-, Stirn- und Wangenhaut	Rr. temporales et zygomatici des N. facialis (VII)	Pars palpebralis: Lidschluss; Pars orbitalis: Zukneifen der Augen
M. levator palpebrae superioris	Kaudale Fläche der Ala minor des Os sphenoidale, kranial und ventral des Canalis opticus	Knorpel und Haut des Oberlids	R. superior des N. oculomotorius (III)	Heben des Oberlids
M. nasalis	Maxilla; Jugum alveolare seitlicher Schneide- und Eckzahn	Nasenflügel, Nasenlochrand; Cartilago nasi lateralis; Sehnenplatte des Nasenrückens	R. buccalis des N. facialis (VII)	Erweiterung der Nasenlöcher
M. levator labii superioris	Margo infraorbitalis maxillae; Processus frontalis maxillae; M. orbicularis oris	Oberlippe		Anhebung der Oberlippe
M. levator labii superioris alaequae nasi	Processus frontalis maxillae; M. orbicularis oculi	Nasenflügel; Oberlippe; lateraler und dorsaler Umfang der Nasenöffnung	Rr. zygomatici des N. facialis (VII)	Erweiterung der Nasenöffnung; Hebung des Mundwinkels; „Naserümpfen"
M. zygomaticus major	Os zygomaticum, ventral der Sutura temperozygomatica; Fascia parotidea	Haut des Mundwinkels; Lippen		Bewegung der Mundwinkel nach oben außen; „Lachmuskel"

M

Muskel	Ursprung	Ansatz	Innervation	Funktion
M. zygomaticus minor	Os zygomaticum, dorsal der Sutura zygomaticomaxillaris	Laterale Anteile der Oberlippe	Rr. zygomatici des N. facialis (VII)	Anhebung der Oberlippe; „Lächeln“
M. risorius	Fascia parotidea	Oberlippe; Mundwinkel	Rr. buccales des N. facialis (VII)	Rückziehen des Mundwinkels
M. levator anguli oris	Margo infraorbitalis maxillae; Processus frontalis maxillae; M. orbicularis oris	Oberlippe	Rr. zygomatici des N. facialis (VII)	Anhebung des Mundwinkels
M. buccinator	Maxilla: Processus alveolaris, vordere Molaren; Mandibula: Processus alveolaris, hintere Molaren; Raphe pterygopalatina	Mundwinkel, teilweise Verbindung mit M. orbicularis oris	Rr. buccales des N. facialis (VII)	Verengung des Mundhöhlenvorhofs; „Trompetermuskel“, „Saugmuskel“
M. orbicularis oris	Maxilla; Mandibula; periorale Haut	Lippen	Rr. buccales und R. marginalis mandibulae des N. facialis (VII)	Mundschluß; Mundspitzen
M. depressor anguli oris	Mandibula, Unterrand, kaudal des Foramen mentale	Lippen; Wange, lateral des Mundwinkels	R. marginalis mandibulae des N. facialis (VII)	Herunterziehen der Mundwinkel
M. depressor labii inferioris	Basis mandibulae, mediokaudal des Foramen mentale	Unterlippe		Absenkung der Unterlippe; „Trinkermuskel“
Platysma	Basis mandibulae; Fascia parotidea	Haut, kaudal der Klavikula; Fascia pectoralis	Rr. colli des N. facialis (VII)	Spannt die Haut des Halses
M. temporalis	Fossa temporalis; Fascia temporalis	Processus coronoideus mandibulae	Nn. temporales profundi des N. mandibularis (N. trigeminus (V))	Schließen, Vorschieben und Zurückziehen des Unterkiefers
M. masseter	Pars superficialis: Arcus zygomaticus, ventral und kaudal; Pars profunda: Arcus zygomaticus, dorsal	Pars superficialis: Angulus mandibulae, Tuberositas masseterica; Pars profunda: R. mandibulae	N. massetericus des N. mandibularis (N. trigeminus (V))	
M. pterygoideus medialis	Os sphenoidale, Fossa pterygoidea; Processus pterygoideus, Lamina lateralis	Angulus mandibulae; Tuberositas pterygoidea	N. pterygoideus medialis des N. mandibularis (N. trigeminus (V))	Schließen, Vorschieben des Unterkiefers
M. pterygoideus lateralis	Caput superius: Facies temporalis der Ala major ossis sphenoidalis; Caput inferius: Lamina lateralis des Processus pterygoideus	Caput superius, Caput inferius: Fovea pterygoidea des Processus condylaris; Caput superius: Discus articularis	N. pterygoideus lateralis des N. mandibularis (N. trigeminus (V))	Verschieben des Unterkiefers nach ventral

Muskel	Ursprung	Ansatz	Innervation	Funktion
M. longitudinalis superior			N. hypoglossus (XII)	Verkürzung, Verbreiterung und Anhebung der Zunge
M. longitudinalis inferior	Apex linguae	Radix linguae	N. hypoglossus (XII)	Verkürzung, Verbreiterung und Absenkung der Zungenspitze
M. transversus linguae	Seitenrand der Zunge	Seitenrand der Zunge	N. hypoglossus (XII)	Verschmälerung und Streckung der Zunge; Aufwölbung der Zungenränder
M. verticalis linguae	Aponeurosis linguae	Unterfläche der Zunge	N. hypoglossus (XII)	Abflachung, Verbreiterung und Verringerung der Zunge
M. genioglossus	Innenfläche der Mandibula	Aponeurosis linguae	N. hypoglossus (XII)	Bewegung der Zunge nach ventral und kaudal
M. hyoglossus	Cornu majus, Corpus ossis hyoidei	Aponeurosis linguae, lateral	N. hypoglossus (XII)	Bewegung des Zungengrundes nach dorsal, kaudal; Beteiligung am Schluckvorgang
M. chondroglossus	Cornu minus ossis hyoidei	Aponeurosis linguae	N. hypoglossus (XII)	Bewegung des Zungengrundes nach dorsal, kaudal; Beteiligung am Schluckvorgang
M. styloglossus	Processus styloideus	Seitenrand der Zunge	N. hypoglossus (XII)	Bewegung des Zungengrundes nach dorsal, kranial; Einleitung des Schluckvorgangs
M. palatoglossus	Aponeurosis palatina	Einstrahlung in die Binnenmuskulatur	N. glossopharyngeus (IX); N. vagus (X)	Verengung des Isthmus faucium und Anhebung der Zunge beim Schlucken

<table>
<tr><th>Muskel</th><th>Ursprung</th><th>Ansatz</th><th>Innervation</th><th>Funktion</th></tr>
<tr><td>M. rectus superior</td><td>Anulus tendineus communis</td><td>Kranial am Bulbus oculi, ventral des Äquators</td><td>R. superior des N. oculomotorius (III)</td><td>Blick nach lateral, kranialwärts; jeweils Synergist am anderen Auge</td></tr>
<tr><td>M. rectus inferior</td><td>Anulus tendineus communis</td><td>Kaudal am Bulbus oculi, ventral des Äquators</td><td>R. inferior des N. oculomotorius (III)</td><td>Blick nach lateral, kaudalwärts; jeweils Synergist am anderen Auge</td></tr>
<tr><td>M. obliquus superior</td><td>Orbita, medial des Canalis opticus</td><td>Temporal und kranial am Bulbus oculi, dorsal des Äquators</td><td>N. trochlearis (IV)</td><td>Blick nach kaudal über eine Rotationsbewegung zum inneren Augenwinkel nach lateral; jeweils Synergist am anderen Auge</td></tr>
<tr><td>M. obliquus inferior</td><td>Boden der Orbita, lateral des Canalis nasolacrimalis</td><td>Temporal am Bulbus oculi, dorsal des Äquators</td><td rowspan="2">R. inferior des N. oculomotorius (III)</td><td>Blick nach lateral über eine Rotationsbewegung temporalwärts nach kranial; jeweils Synergist am anderen Auge</td></tr>
<tr><td>M. rectus medialis</td><td>Anulus tendineus communis</td><td>Medial am Bulbus oculi, ventral des Äquators</td><td>Adduktion des Augapfels in der Horizontalebene zur Nase hin</td></tr>
<tr><td>M. rectus lateralis</td><td>Anulus tendineus communis</td><td>Lateral am Bulbus oculi, ventral des Äquators</td><td>N. abducens (VI)</td><td>Abduktion des Augapfels in der Horizontalebene zur Schläfe hin</td></tr>
</table>

Sechs Muskeln bewegen den Bulbus

- Vier gerade → M. rectus superior, M. rectus inferior, M. rectus medialis, M. rectus lateralis
- Zwei schräge → M. obliquus superior, M. obliquus inferior

Muskel	Ursprung	Ansatz	Innervation	Funktion
M. sternocleidomastoideus	Caput sternale: Manubrium sterni; Caput claviculare: mediales Drittel der Klavikula	Processus mastoideus	N. accessorius (XI); Plexus cervicalis, C2	Flexion (bei gebeugtem (Kopf); Extension (bei gestrecktem Kopf); Rotation zur Gegenseite; Seitneigung zur gleichen Seite
M. longus capitis	Tubercula anteria der Processus transversi C3–C6	Pars basilaris des Os occipitale	Rr. musculares des Plexus cervicalis, C1–C4	Flexion des Kopfes
M. rectus capitis anterior	Processus transversus des Atlas		Rr. ventrales des Plexus cervicalis, C1–C4	Flexion des Kopfes; Stabilisierung des Atlantooccipitalgelenks
M. longus colli	Tubercula anteria der Processus transversi C2–C4; Wirbelkörper C7+T1	Tuberculum anterius des Atlas; Processus transversi C5–C7; Wirbelkörper C2–C4	Rr. ventrales der Spinalnerven, C3–C6	Flexion des Kopfes
M. scalenus anterior	Tubercula anteria der Processus transversi C3–C6	Tuberculum musculi scaleni anteriores der 1. Rippe	Rr. ventrales der Spinalnerven, C5–C8	Seitneigung zur gleichen Seite; Rotation zur Gegenseite; Flexion (beidseitige Anspannung)
M. scalenus medius	Tubercula anteria der Processus transversi C2–C7	1. Rippe, dorsal des Sulcus arteriae subclaviae	Rr. ventrales der Spinalnerven, C4–C8	Seitneigung zur gleichen Seite
M. scalenus posterior	Tubercula anteria der Processus transversi C5+C6	2. Rippe, Oberrand	Rr. ventrales der Spinalnerven, C7+C8	
M. sternohyoideus	Klavikula, medialer Teil; Ligamentum sternoclaviculare posterius; Manubrium sterni, Dorsalfläche	Corpus ossis hyoidei	Ansa cervicalis, C1–C4	Senkung des Os hyoideum; Flexion des Kopfes (indirekt)
M. omohyoideus	Margo superior scapulae; Ligamentum transversum scapulae superius			
M. sternothyroideus	Dorsalfläche von Manubrium sterni und 1. Rippenknorpel	Linea obliqua der Cartilago thyroidea		Senkung des Larynx; Flexion des Kopfes (indirekt)

Muskel	Ursprung	Ansatz	Innervation	Funktion
M. thyro-hyoideus	Linea obliqua der Cartilago thyroidea	Cornu majus ossis hyoidei	Ansa cervicalis, C1–C4, via N. hypoglossus (XII)	Flexion des Kopfes (indirekt); Anhebung des Larynx und Senkung des Os hyoideum bei jeweiliger Fixation der Ursprungsstruktur
M. digastricus	Venter posterior: Processus mastoideus des Os temporale	Venter anterior: Mandibula, Unterrand	Venter anterior: N. mandibularis des N. trigeminus (V); Venter posterior: N. facialis (VII)	Anhebung und Verlagerung des Os hyoideum nach dorsal (Venter posterior); Senkung des Unterkiefers; Flexion des Kopfes (indirekt)
M. stylo-hyoideus	Processus styloideus des Os temporale	Corpus ossis hyoidei, Seitenrand	N. facialis (VII)	Anhebung des Os hyoideum; Flexion des Kopfes
M. mylo-hyoideus	Linea mylohyoidea an der Innenfläche der Mandibula	Corpus ossis hyoidei, kranialer Rand	N. mylohyoideus des N. mandibularis (N. trigeminus (V))	Anhebung des Os hyoideum; Senkung des Unterkiefers; Flexion des Kopfes (indirekt)
M. genio-hyoideus	Spina mentalis	Corpus ossis hyoidei, ventrale Fläche	Ansa cervicalis, C1+C2, via N. hypoglossus (XII)	Anhebung des Os hyoideum; Senkung des Unterkiefers; Flexion des Kopfes

Muskulatur im Bereich des Halses

Vordere Skalenuslücke

Der Zwischenraum von
- M. sternocleidomastoideus ventral
- M. scalenus anterior dorsal und
- 1. Rippe, kaudal

enthält die **V. subclavia.**

Hintere Skalenuslücke

Der Zwischenraum von
- M. scalenus anterior ventral
- M. scalenus medius dorsal und
- 1. Rippe, kaudal

enthält die **A. subclavia** und den **Plexus brachialis** kranial davon.

Proximal der Skalenuslücke wird das Nervengeflecht Plexus cervicalis genannt, distal davon Plexus brachialis.

Muskel	Ursprung	Ansatz	Innervation	Funktion
M. iliocostalis cervicis	Medial des Angulus costae der 3.–7. Rippe	Processus costales, C3–C6	Rr. dorsales der Spinalnerven, C3–T7	Extension des Kopfes (beidseitig); Seitneigung und Rotation zur gleichen Seite
M. longissimus capitis	Processus transversi C3–T3	Processus mastoideus	Rr. dorsales der Spinalnerven, C3–T3	
M. longissimus cervicis	Processus transversi T1–T6 und C3–C7	Tubercula posteria der Processus transversi C2–C5	Rr. dorsales der Spinalnerven, C3–T6	Extension des Kopfes (beidseitig); Seitneigung zur gleichen Seite
M. splenius cervicis	Processus spinosi T3–T6	Tubercula posteria der Processus transversi C1–C2	Rr. dorsales der Spinalnerven, C5–C7	Extension des Kopfes (beidseitig); Rotation zur gleichen Seite
M. splenius capitis	Ligamentum nuchae, kaudale Hälfte; Processus spinosi C7–T3	Processus mastoideus; Linea nuchalis superior	Rr. dorsales der Spinalnerven, C3–C5	
M. spinalis cervicis	Processus spinosi T2–C6	Processus spinosi, C4–C2	Rr. dorsales der Spinalnerven, C2–T6	Extension des Kopfes (beidseitig)
M. spinalis capitis	Processus spinosi T3–T1 und C7–C6	Squama ossis occipitalis	Rr. dorsales der Spinalnerven, C6–T3	
Mm. rotatores cervicis breves et longi	Basale Processus articulares inferiores C1–C7	Basale Processus spinosi und Arcus vertebrae, C1–C7	Rr. dorsales der Spinalnerven, C1–C8	Extension des Kopfes (beidseitig); Seitneigung zur gleichen Seite; Rotation zur Gegenseite
M. multifidus cervicis	Processus articulares inferiores C7–C4	Processus spinosi, C7–C2	Rr. dorsales der Spinalnerven, C3–C8	
M. semispinalis cervicis	Processus transversi T6–C7	Processus spinosi, C6–C2	Rr. dorsales der Spinalnerven, C1–T6	Extension des Kopfes (beidseitig); Seitneigung zur gleichen Seite

<table>
<tr><th>Muskel</th><th>Ursprung</th><th>Ansatz</th><th>Innervation</th><th>Funktion</th></tr>
<tr><td>M. semispinalis capitis
medial, transversospinal</td><td>Processus transversi, T7–C3</td><td>Squama ossis occipitalis</td><td>Rr. dorsales der Spinalnerven, C4–C8</td><td>Extension des Kopfes; Rotation zur Gegenseite; Seitneigung zur gleichen Seite</td></tr>
<tr><td>M. rectus capitis posterior major
lateral, spinal</td><td>Processus spinosus axis</td><td>Linea nuchae inferior, medialer Anteil</td><td>N. suboccipitalis der Rr. dorsales der Spinalnerven, C1–C2</td><td>Extension des Kopfes; Rotation zur gleichen Seite</td></tr>
<tr><td>M. rectus capitis posterior minor
lateral, spinal</td><td rowspan="2">Tuberculum posterius atlantis</td><td>Linea nuchae inferior, medialer Anteil; Os occipitale</td><td>N. suboccipitalis der Rr. dorsales der Spinalnerven, C1</td><td>Extension des Kopfes (beidseitig)</td></tr>
<tr><td>M. obliquus capitis superior
lateral, intertransversal</td><td>Os occipitale; oberhalb und unterhalb der Linea nuchae inferior</td><td>N. suboccipitalis der Rr. dorsales der Spinalnerven, C1</td><td>Extension des Kopfes; Seitneigung zur gleichen Seite</td></tr>
<tr><td>M. obliquus capitis inferior
medial, spinotransversal</td><td>Processus spinosus axis</td><td>Dorsaler Processus transversus atlantis</td><td>N. suboccipitalis, C2</td><td>Rotation zur gleichen Seite</td></tr>
</table>

Autochthone Muskulatur des Rückens

Die autochthone Rückenmuskulatur wird in ihrer Gesamtheit als **M. erector spinae** bezeichnet und in einen medialen und lateralen Trakt eingeteilt. Innerhalb dieser Trakte werden fünf Systeme nach Muskelfaserzügen unterschieden. Die Namen der Systeme beinhalten Ursprünge und Ansätze der jeweiligen Muskeln.

	Medialer Trakt	**Lateraler Trakt**
Innervation	• Mediale Äste der Rr. dorsales der Spinalnerven	• Laterale Äste der Rr. dorsales der Spinalnerven
Lage	• Sulcus dorsalis: Rinne zwischen Processus spinosi und Processus transversi	• Sulcus costovertebralis: lateral der Processus transversi
Systemeinteilung eindeutig zuordenbar	• Transversospinales System	• Sakrospinales System • Intertransversales System
Beide Trakte betreffend	• Spinales System • Spinotransversales System	• Spinales System • Spinotransversales System

Muskel	Ursprung	Ansatz	Innervation	Funktion
M. iliocostalis thoracis lateral, sakrospinal	7.–12. Rippe, medial des Angulus costae	7.–12. Rippe, Angulus costae	Rr. dorsales der Spinalnerven, T1–L1	LWS: Extension (beidseitig); Seitneigung und Rotation zur gleichen Seite; Rippen: Senkung
M. longissimus thoracis lateral, sakrospinal	Dorsalfläche der Processus transversi L1–L5; tiefes Blatt der Fascia thoracolumbalis; Facies dorsales des Os sacrum	Processus transversi T1–T12; 3.–12. Rippe, zwischen Tuberculum und Rippenwinkel	Rr. dorsales der Spinalnerven, T1–L5	LWS: Extension (beidseitig); Seitneigung zur gleichen Seite; Rippen: Senkung; Becken: Kippung nach ventral
M. spinalis thoracis medial, spinal	Processus spinosi L2–L1 und T12–T10	Processus spinosi, T9–T2	Rr. dorsales der Spinalnerven, T3–L1	BWS: Extension (beidseitig)
Mm. rotatores thoracis breves et longi medial, transversospinal	Basale Processus transversi T12–T2	Basale Processus spinosi und Arcus vertebrae, T12–T1 und C7	Rr. dorsales der Spinalnerven, C7–T12	BWS: Extension (beidseitig); Seitneigung zur gleichen Seite; Rotation zur Gegenseite
M. multifidus thoracis medial, transversospinal	Processus transversi T12–T1	Processus spinosi, T5–C3	Rr. dorsales der Spinalnerven, C3–T5	
M. semispinalis thoracis medial, transversospinal	Processus transversi T12–C7	Processus spinosi, T3–C6	Rr. dorsales der Spinalnerven, C6–T12	BWS: Extension (beidseitig); Seitneigung zur gleichen Seite

EINTEILUNG

Sakrospinales System

Muskeln dieses Systems bilden den kräftigsten Teil der autochthonen Rückenmuskulatur. Die kaudalen Muskeln entspringen mit einer gemeinsamen Sehnenplatte an der Dorsalfläche des Os sacrum und der Crista iliaca. Sie inserieren seitlich der Medianebene an Rippen, Querfortsätzen und Processus mastoidei und helfen bei Inspiration und Exspiration. Ihre Hauptfunktionen sind Extension und Lateralflexion von WS und Kopf.

Spinales System

Muskeln dieses Systems bilden die tiefste Schicht und verbinden die Dornfortsätze in senkrechtem Verlauf. Sie unterstützen die Dorsalextension der WS und helfen z. T. bei der Lateralflexion mit.

Transversospinales System

Muskeln dieses Systems bilden den oberflächlichsten Teil und dienen der Aufrichtung des Rumpfes sowie, bei einseitiger Innervation, der Rotation der WS zur Gegenseite.

Muskel	Ursprung	Ansatz	Innervation	Funktion
M. iliocostalis lumborum lateral, sakrospinal	Os sacrum; Crista iliaca; Processus spinosi, L1–L5; Fascia thoracolumbalis	7.–12. Rippe, Angulus costae	Rr. dorsales der Spinalnerven, T7–L5	LWS: Extension (beidseitig); Seitneigung und Rotation zur gleichen Seite; Rippen: Senkung; Becken: Kippung nach ventral
Mm. intertransversarii laterales lumborum lateral, intertransversal	Processus costales, L5–L1; Processus transversus, T12	Processus costales, L5–L1; Processus transversus, T11; Tuberositas iliaca	Rr. ventrales der Spinalnerven, T12–L5	LWS: Extension (beidseitig); Seitneigung zur gleichen Seite
Mm. intertransversarii mediales lumborum lateral, intertransversal	Tuberositas iliaca; Processus accessorii, L4–L1	Processus mamillares, L4–L2	Rr. dorsales der Spinalnerven, L1–L5	
Mm. rotatores lumborum breves et longi medial, transversospinal	Basale Processus mamillares, L1–L5	Basale Processus spinosi und Arcus vertebrae, L1–L5		LWS: Extension (beidseitig); Seitneigung und Rotation zur Gegenseite

EINTEILUNG (FORTSETZUNG)

Intertransversales System

Muskeln dieses Systems verbinden in der Tiefe die Querfortsätze der WS bzw. die ihnen entsprechenden Strukturen (Processus accessorii und Processus mamillares). Sie wirken bei der Lateralflexion der gesamten WS und des Kopfes mit.

Spinotransversales System

Muskeln dieses Systems verlaufen im oberen Brust- und im Halswirbelsäulenbereich und entspringen von den Dornfortsätzen in diesem Gebiet. Sie ziehen schräg nach oben außen zu den Querfortsätzen der HWS und zur Linea nuchae superior.
Aufgrund ihres schrägen Verlaufs sind die Muskeln dieses Systems wichtig für die Rotation der HWS und des Kopfes zur gleichen Seite.
Die Mm. splenii umspannen die tieferen Nackenmuskeln wie einen Gürtel von außen und pressen sie gegen die WS, weshalb sie auch Riemenmuskeln genannt werden.

Muskel	Ursprung	Ansatz	Innervation	Funktion
M. trapezius	Pars ascendens: Processus spinosi, T4–T12; Ligamentum supraspinale; Pars transversa: Ligamentum nuchae; Processus spinosi, C5–T3; Pars descendens: Protuberantia occipitalis externa; mediales Drittel der Linea nuchalis superior; Ligamentum nuchae, kranialer Teil; Processus spinosi, C1–C4	Pars ascendens: Aponeurose mediale, Spina scapulae; Pars transversa: Spina scapulae; Akromion; Pars descendens: laterales Drittel der Klavikula; Akromion	Pars ascendens, Pars transversa: N. accessorius (XI); Pars descendens: N. accessorius (XI); Rr. ventrales, C2–C4	Pars ascendens: Verschiebung der Skapula nach kaudal, medial; Drehung der Skapula in die Elevation; Pars transversa: Verschiebung der Skapula nach medial; Pars descendens: Lateralflexion; Extension der HWS; Verschiebung der Skapula nach medial
M. levator scapulae	Tubercula posteria der Processus transversi, C1–C4	Angulus superior scapulae; Margo medialis scapulae	Rr. ventrales des N. dorsalis scap., C3–C5	
M. rhomboideus major	Processus spinosi, T1–T5	Margo medialis scapulae zwischen Spina scapulae und Angulus inferior	N. dorsalis scapulae, C4–C5	Verschiebung der Skapula nach kranial und medial
M. rhomboideus minor	Processus spinosi, C6+C7	Margo medialis scapulae im Bereich der Spina scapulae	N. dorsalis scapulae, C4	
M. serratus anterior	1.–9. Rippe, in einem Bogen unterhalb der Achselhöhle	Ventrale Fläche der Margo medialis scapulae zwischen Angulus superior und inferior	N. thoracicus longus, C5–C7	Verschiebung der Skapula nach lateral; Drehung der Skapula in die Elevationsstellung
M. pectoralis minor	3.–5. Rippe, Oberrand und ventrale Fläche	Processus coracoideus	Nn. pectorales mediales et laterales, C6–C8	Verschiebung der Skapula nach kaudal und medial
M. subclavius	1. Rippe, kraniale Fläche	Extremitas acromialis claviculae	N. subclavius, C5+C6	Senkung der Klavikula
M. deltoideus	Pars clavicularis: laterales Drittel der Klavikula; Pars spinalis: Spina scapulae; Pars acromialis: Akromion	Pars clavicularis, Pars spinalis, Pars acromialis: Tuberositas deltoidea humeri	Pars clavicularis, Pars spinalis, Pars acromialis: N. axillaris, C5+C6	Pars clavicularis, Pars spinalis: Adduktion (bei abduziertem Arm); Abduktion (bei adduziertem Arm); Pars clavicularis: Anteversion; Innenrotation; Pars spinalis: Retroversion; Außenrotation; Pars acromialis: Abduktion

M

Muskel	Ursprung	Ansatz	Innervation	Funktion
M. supraspinatus	Fossa supraspinata; Fascia supraspinata	Tuberculum majus humeri, obere Facette	N. suprascapularis, C4–C6	Sicherung des Humeruskopfes gegen Abgleiten nach kranial
M. infraspinatus	Fossa infraspinata; Spina scapulae, kaudaler Rand; Fascia infraspinata	Tuberculum majus humeri, mittlere Facette	N. suprascapularis, C5+C6	Außenrotation; Adduktion (kaudaler Teil); Abduktion (kranialer Teil)
M. teres minor	Margo lateralis scapulae, obere zwei Drittel; Fascie, die den M. teres minor vom M. teres major und M. infraspinatus trennt	Tuberculum majus humeri, untere Facette	N. axillaris, C5+C6	Außenrotation; Adduktion
M. teres major	Angulus inferior scapulae, dorsale Fläche; angrenzender Teil der Margo lateralis scapulae	Crista tuberculi minoris humeri	N. thoracodorsalis, C5–C7	Retroversion; Adduktion; Innenrotation
M. subscapularis	Fossa subscapularis	Tuberculum minus humeri, vordere Kapsel des Schultergelenks	N. subscapularis, C5+C6	Innenrotation; Abduktion (kranialer Anteil); Anteversion (bei starker Abduktion); Retroversion (bei starker Anteversion)
M. latissimus dorsi	Fascia thoracolumbalis; Ligamentum supraspinale; Crista iliaca; 9.–12. Rippe; Angulus inferior scapulae	Crista tuberculi minoris	N. thoracodorsalis, C6–C8	Innenrotation; Adduktion; Retroversion; Verschiebung der Skapula nach kaudal
M. pectoralis major	Pars abdominalis: Rektusscheide, vorderes Blatt; Pars sternocostalis: Sternum, ventrale Fläche; 6. und 7. Rippenknorpel; Rektusscheide, vorderes Blatt; Pars clavicularis: Klavikula, mediale Hälfte, ventrale Fläche	Crista tuberculi majoris humeri	Pars abdominalis: N. pectoralis medialis, C8–T1; Pars sternocostalis: N. pectoralis lateralis, C5–C7; N. pectoralis medialis, C8–T1; Pars clavicularis: N. pectoralis lateralis, C5–C8	Pars abdominalis, Pars sternocostalis: Adduktion; Innenrotation; Retroversion (in die Neutralstellung); Pars abdominalis: Verschiebung der Skapula nach kaudal; Pars clavicularis: Adduktion; Innenrotation; Anteversion
M. coracobrachialis	Processus coracoideus scapulae, Spitze	Humerus, medial der Tuberositas deltoidea	N. musculocutaneus, C5–C7	Adduktion; Anteversion

Muskel	Ursprung	Ansatz	Innervation	Funktion
M. biceps brachii	Caput longum: Tuberculum supraglenoidale scapulae; Caput breve: Processus coracoideus scapulae	Tuberositas radii; Fascie des Unterarms via Aponeurose M. biceps brachii	N. musculocutaneus, C5+C6	Schultergelenk: Abduktion (bei außenrotiertem Ober- und supiniertem Unterarm); Caput longum: Anteversion; Ellbogengelenk: Flexion; Radioulnargelenk: Supination
M. brachialis	Humerus, distales Drittel der Ventralfläche; intermuskuläres Septum zwischen M. brachialis und M. triceps brachii	Tuberositas ulnae; Processus coronoideus ulnae	N. musculocutaneus, C5–C7; N. radialis, C5+C6	Ellbogengelenk: Flexion
M. brachioradialis	Crista supracondylaris lateralis humeri; Septum intermusculare brachii laterale	Processus styloideus radii, proximal der Basis	N. radialis, C5+C6	Ellbogengelenk: Flexion; Radioulnargelenk: Supination und Pronation, jeweils aus der End- in die Mittelstellung
M. triceps brachii	Caput longum: Tuberculum infraglenoidale scapulae; Caput laterale: Humerus, lateral des Sulcus nervi radialis; Caput mediale: Humerus, medial des Sulcus nervi radialis, dorsal des Septum intermusculare mediale	Olekranon; Hinterwand der Ellbogengelenkkapsel	N. radialis, C6–C8	Schultergelenk: Adduktion (bei abduziertem Arm); Caput longum: Retroversion; Ellbogengelenk: Extension
M. anconeus	Epicondylus lateralis humeri, Dorsalfläche; Ellbogen, dorsaler Teil	Olekranon, Lateralseite; Ulna, proximales und dorsales Viertel		Ellbogengelenk: Extension
M. supinator	Epicondylus lateralis humeri; Crista musculi supinatoris ulnae; Ligamentum anulare radii; Ligamentum collaterale radiale	Radius, proximales Drittel (breitflächig)	R. profundus des N. radialis, C5+C6	Radioulnargelenk: Supination
M. pronator teres	Caput humerale: Epicondylus medialis humeri; Caput ulnare: Processus coronoideus ulnae	Tuberositas pronatoria; Lateralfläche des mittleren Radius	N. medianus, C6+C7 (z. T. N. musculocutaneus)	Ellbogengelenk: Flexion; Radioulnargelenk: Pronation
M. pronator quadratus	Ulna, Ventralfläche, distales Viertel	Radius, Ventralfläche, distales Viertel	N. interosseus anterior des N. medianus, C6–T1	Radioulnargelenk: Pronation

Muskel	Ursprung	Ansatz	Innervation	Funktion
M. extensor carpi radialis longus	Crista supracondylaris lateralis humeri	Os metacarpi II, Dorsalfläche der Basis	N. radialis, C6+C7	Radioulnargelenk: Pronation; Handgelenk: Extension; Radialabduktion
M. extensor carpi radialis brevis	Epicondylus lateralis humeri	Os metacarpi III, Dorsalfläche der Basis	R. profundus des N. radialis, C6+C7	
M. extensor carpi ulnaris	Caput humerale: Epicondylus lateralis humeri; Fascia antebrachii; Caput ulnare: Ulna, dorsaler Teil	Os metacarpi V, Dorsalfläche der Basis	R. profundus des N. radialis, C6–C8	Handgelenk: Extension; Ulnarabduktion
M. flexor carpi radialis	Epicondylus medialis humeri; Fascia antebrachii	Ossa metacarpialia II+III, Ventralflächen der Basen	N. medianus, C6–C8	Ellbogengelenk: Flexion; Radioulnargelenk: Pronation; Handgelenk: Radialabduktion
M. palmaris longus	Epicondylus medialis humeri; Fascia antebrachii	Palmaraponeurose	N. medianus, C7–T1	Handgelenk: Flexion
M. flexor carpi ulnaris	Caput humerale: Epicondylus medialis humeri; Caput ulnare: Olekranon; Ulna, proximale Drittel; Fascia antebrachii	Os hamatum; Os pisiforme; Os metacarpi V	N. ulnaris, C7–T1	Ellbogengelenk: Flexion; Handgelenk: Ulnarabduktion

Muskulatur im Bereich des Humerus

- Alle Muskeln der Ventralseite des Humerus wirken als Flexoren im Ellbogengelenk (Ausnahme: M. coracobrachialis) und werden vom N. musculocutaneus innerviert.
- Alle Muskeln der Dorsalseite des Humerus setzen am Olekranon an und wirken als Extensoren im Ellbogengelenk (Ausnahme: das Caput longum des M. triceps wirkt auch auf das Schultergelenk) und werden vom N. radialis innerviert.

Ellbogenflexoren

M. **b**iceps brachii, M. **b**rachialis, M. **b**rachioradialis

Die drei **B**'s.

Muskel	Ursprung	Ansatz	Innervation	Funktion
M. extensor digitorum	Epicondylus lateralis humeri; Ligamentum collaterale ulnare; Fascia antebrachii	Teilung in vier Sehnen an die Finger II–V, jeweils an die Basis der Phalanx intermedia et distalis	R. profundus des N. radialis, C6–C8	Handgelenk, Grund-, Mittel- und Endgelenke der Finger: Extension
M. extensor indicis	Ulna, Dorsalfläche, distale Hälfte; Membrana interossea	Finger II, Dorsalaponeurose, Ulnarseite		Handgelenk, Grund-, Mittel- und Endgelenke der Finger: Extension; Abduktion
M. palmaris brevis	Palmaraponeusose; Retinaculum musculorum flexorum manus	Haut der Handfläche, Ulnarseite	R. superficialis des N. ulnaris, C7–T1	Spannung der Haut; Schutz der ulnaren Leitungsbahnen
M. flexor digitorum superficialis	Caput humeroulnare: Epicondylus medialis humeri; Processus coronoideus ulnae; Caput radiale: Radius, Ventralfläche	Teilung in vier Sehnen an die Finger II–V, jeweils an die Basis der Phalanx media	N. medianus, C7–T1	Handgelenk, Fingermittelgelenke: Flexion; Fingergrundgelenke: Adduktion (hin zu Finger III); Flexion
M. flexor digitorum profundus	Ulna, proximale Vorderfläche; Fascia antebrachii; Membrana interossea	Teilung in vier Sehnen an die Finger II–V, jeweils an die Basis der Phalanx distalis, durch die zweigeteilte Sehne des M. flexor digitorum superficialis	Finger II+III: N. interosseus anterior des N. medianus, C5–T1; Finger III+IV: N. ulnaris, C8–T1	Handgelenk, Mittel- und Endgelenke der Finger: Flexion; Fingergrundgelenke: Adduktion (hin zu Finger III); Flexion
Mm. interossei palmares I–III	-palmares I: Os metacarpi II, Unarseite; -palmares II: Os metacarpi III, Radialseite; -palmares III: Os metacarpi V, Radialseite	Phalanges der Finger II, IV und V, in die Streckaponeurosen einstrahlend	R. profundus des N. ulnares, C8–T1	Fingergrundgelenke: Adduktion; Flexion; Fingermittelgelenke: Extension
Mm. interossei dorsales manus I–IV	Jeweils an den einander zugewandten Seiten zweier benachbarter Metakarpalknochen	Phalanx proximalis indicis, basale Radialseite; Finger III: Radial- und Ulnarseite; Finger IV: Ulnarseite; Finger II–IV: Streckaponeurose	R. profundus des N. ulnaris, C8–T1	Mittelhandknochengelenke: Abduktion; Flexion; Fingergrundgelenke: Extension
Mm. lumbricales manus I–IV	Sehnen der tiefen Fingerflexoren; Finger I+II: einköpfig; Finger III+IV: zweiköpfig	Finger, Radialseiten im Bereich der Streckaponeurosen	Mm. lumbric. I+II: N. medianus, C8–T1; Mm. lumbric. III+IV: R. profundus des N. ulnaris, C8–T1	Fingergrundgelenke: Flexion; Fingermittel- und -endgelenke: Extension

NUMMERIERUNG

Vorsicht! Die Nummerierung der Muskeln mit römischen Ziffern entspricht nicht der Nummerierung der Finger, zu denen sie ziehen.

- M. interosseus palmaris **I** → zieht zu Finger **II**
- M. interosseus palmaris **II** → zieht zu Finger **IV**
- M. interosseus palmaris **III** → zieht zu Finger **V**

- M. interosseus dorsalis **I** → zieht zu Finger **II**
- M. interosseus dorsalis **II** → zieht zu Finger **III**
- M. interosseus dorsalis **III** → zieht zu Finger **IV**
- M. interosseus dorsalis **IV** → zieht zu Finger **V**

- M. lumbricalis **I** → zieht zu Finger **II**
- M. lumbricalis **II** → zieht zu Finger **III**
- M. lumbricalis **III** → zieht zu Finger **IV**
- M. lumbricalis **IV** → zieht zu Finger **V**

Muskel	Ursprung	Ansatz	Innervation	Funktion
M. extensor pollicis brevis	Radius, Dorsalfläche, distales Drittel; Membrana interossea	Phalanx proximalis pollicis, Dorsalfläche der Basis	R. profundus des N. radialis, C6–C8	Handgelenk: Radialabduktion; Handwurzel-Mittelhand-Gelenk: Abduktion; Daumensattelgelenk: Extension
M. extensor pollicis longus	Ulna, mittlere Dorsalfläche; Membrana interossea	Phalanx distalis pollicis, Dorsalfläche der Basis		Ellenspeichengelenk: Supination; Handgelenk: Extension; Radialabduktion; Handwurzel-Mittelhand-Gelenk: Extension; Adduktion; Sattel- und Endgelenk des Daumens: Extension
M. flexor pollicis brevis	Caput superficiale: Os trapezium; Retinaculum musculorum flexorum; Caput profundum: Os trapezoideum; Os capitatum palmare; Ligamente zwischen den Ossa carpalia	Phalanx proximalis pollicis, Radialseite der Basis	Caput superficiale: N. medianus, C7–T1; Caput profundum: N. ulnaris, C7–T1	Handwurzel-Mittelhand-Gelenk: Opposition; Flexion; Caput superficiale: Abduktion; Caput profundum: Adduktion; Daumensattelgelenk: Flexion

Muskel	Ursprung	Ansatz	Innervation	Funktion
M. flexor pollicis longus	Radius, Ventralfläche der mittleren Hälfte; Membrana interossea; Processus coronoideus ulnae; (Epicondylus medialis humeri)	Phalanx distalis pollicis, Palmarfläche der Basis	N. interosseus anterior des N. medianus, C7–T1	Handgelenk; Sattel- und Endgelenk des Daumens: Flexion; Handwurzel-Mittelhand-Gelenk: Flexion; Opposition
M. abductor pollicis longus	Radius, Dorsalfläche des mittleren Drittel; Membrana interossea; Ulna, Dorsalfläche des distalen Drittels	Os metacarpi I, Radialseite der Basis	R. profundus des N. radialis, C6–C8	Handgelenk: Flexion; Radialabduktion; Handwurzel-Mittelhand-Gelenk: Abduktion; Extension
M. adductor pollicis	Caput obliquum: Os capitatum; Basen der Ossa metacarpalia II+III; Ligamentum intercarpalia; Caput transversum: Os metacarpi III, Palmarfläche der proximalen zwei Drittel	Ulnares Sesambein am Daumenmittelgelenk	R. profundus des N. ulnaris, C8–T1	Handwurzel-Mittelhand-Gelenk: Adduktion; Opposition
M. opponens pollicis	Os trapezium; Retinaculum musculorum flexorum manus	Diaphyse des Os metacarpi I, Radialseite	N. medianus, C7–T1	Handwurzel-Mittelhand-Gelenk: Opposition; Flexion

Muskulatur des Daumenballens

Der **N. medianus** versorgt die oberflächliche und die mittlere Schicht der Daumenballenmuskulatur:
- M. abductor pollicis brevis
- M. opponens pollicis
- Caput superficiale des M. flexor pollicis brevis

Der **N. ulnaris** versorgt die tiefe Schicht der Daumenballenmuskulatur:
- Caput profundum des M. flexor pollicis brevis
- M. adductor pollicis

Der **R. profundus** des **N. radiales** versorgt die Extensoren des Daumens:
- M. extensor pollicis brevis
- M. extensor pollicis longus

Muskel	Ursprung	Ansatz	Innervation	Funktion
M. extensor digiti minimi	Epicondylus lateralis humeri; Fascia antebrachii	Finger V, Dorsalaponeurose	R. profundus des N. radialis, C6–C8	Handgelenk, Mittel- und Endgelenk, Finger V: Extension; Kleinfingergrundgelenk: Extension; Abduktion (weg von Finger III)
M. flexor digiti minimi brevis	Os hamatum; Retinaculum musculorum flexorum manus	Phalanx proximalis V, ulnarer Rand der Basis		Grundgelenk Finger V: Flexion
M. abductor digiti minimi	Os pisiforme; Retinaculum musculorum flexorum manus; Sehne des M. flexor carpi ulnaris	Phalanx proximalis V, Ulnarrand der Basis, in die Streckaponeurose des Finger V einstrahlend	R. profundus des N. ulnaris, C8–T1	Grundgelenk Finger V: Flexion; Abduktion
M. opponens digiti minimi	Hamulus ossis hamati; Retinaculum musculorum flexorum manus	Os metacarpi V, Ulnarseite		

Muskulatur des Kleinfingerballens

- Alle Muskeln des Hypothenar entspringen von den beiden ulnaren Handwurzelknochen Os pisiforme und Os hamatum sowie vom benachbarten Bandapparat.
- Die gesamte Muskulatur des Hypothenar wird vom N. ulnaris versorgt.
- Die Funktion der Muskeln im Kleinfingergrundgelenk lässt sich aus ihren Namen ableiten:
  - M. **abductor** digiti minimi → **Abduktion**
  - M. **flexor** digiti minimi → **Flexion**
  - M. **opponens** digiti minimi → **Opposition**

Muskel	Ursprung	Ansatz	Innervation	Funktion
Mm. intercostales externi	1.–11. Rippe, kaudale Ränder	2.–12. Rippe, kraniale Ränder	Nn. intercostales, T1–T11	Rotation der Rippen um die Achse des Collum costae; Anhebung der ventralen Rippen
Mm. intercostales interni	1.–11. Rippe, Rippenknorpel und Sulcus costalis			Rotation der Rippen um die Achse des Collum costae; Senkung der ventralen Rippen
M. serratus posterior superior	Processus spinosi, C6–T2	2.–5. Rippe, lateral des Angulus costae	Rr. ventrales der Spinalnerven, C6–T2	Rotation der Rippen um die Achse des Collum costae; Anhebung der ventralen Rippen
M. serratus posterior inferior	Processus spinosi, T11–L2	9.–12. Rippe, kaudale Ränder	Rr. ventrales der Spinalnerven, T11–L2	Stabilisierung des dorsalen Umfangs des unteren Thorax bei Inspiration
Diaphragma	Pars sternalis: Processus xiphoideus; tiefes Blatt der Rektusscheide; Pars costalis: 7.–12. Rippe, Innenfläche des Rippenknorpel; Pars lumbalis: Crus mediale et laterale entspringen links und rechts des Ligamentum longitudinale anterius vor den Wirbelkörpern L1–L3 und vom Ligamentum arcuatum mediale et laterale	Centrum tendineum	N. phrenicus, C3–C5, beidseitig	Inspiration

INTERKOSTALMUSKULATUR

Die Funktionsbezeichnung der Muskeln beginnt jeweils mit der entgegengesetzten Silbe des Namens der Interkostalmuskeln:

- Mm. intercostales **ex**terni → **In**spiration
- Mm. intercostales **in**terni → **Ex**spiration

Ausnahme:
Die zwischen den Rippenknorpeln liegenden Teile der Mm. interni wirken inspiratorisch.

Muskel	Ursprung	Ansatz	Innervation	Funktion
M. rectus abdominis	5.–7. Rippe, Außenfläche des Rippenknorpels; Processus xiphoideus	Crista pubica; Symphisis pubica	Nn. intercostales, T5–T11; N. subcostalis, T12; N. iliohypogastricus, T12–L1; N. ilioinguinalis, L1	Flexion der Brustwirbelsäule; Kippung des Beckens nach dorsal (beidseitig); Bauchpresse (beidseitig)
M. obliquus externus abdominis	5.–12. Rippe, Außenfläche und kaudale Ränder	Tuberculum pubicum; Crista pubica; Labium externum der Crista iliaca; Ligamentum inguinale; Linea alba		Flexion der Brustwirbelsäule (beidseitig); Rotation des Rumpfes zur Gegenseite; Seitneigung zur gleichen Seite; Bauchpresse und kahnförmiges Einziehen der Bauchwand (beidseitig)
M. obliquus internus abdominis	Ligamentum inguinale; Crista iliaca; Fascia thoracolumbalis	Crista pubica; 9.–12. Rippenknorpel; Linea alba via Rektusscheide		Flexion der Brustwirbelsäule (beidseitig); Rotation des Rumpfes zur gleichen Seite; Seitneigung zur gleichen Seite; Bauchpresse und kahnförmiges Einziehen der Bauchwand (beidseitig)
M. transversus abdominis	6.–12. Rippenknorpel; Processus costales, L1–L5	Linea alba		Rotation des Rumpfes zur gleichen Seite; Bauchpresse und kahnförmiges Einziehen der Bauchwand (beidseitig)
M. quadratus lumborum	Crista iliaca; Ligamentum iliolumbale	12. Rippe, kaudale Begrenzung; Processus costales, L1–L4	Nn. intercostales, T12–L1; N. subcostalis T12; N. iliohypogastricus, T12–L1; N. ilioinguinalis, L1	Seitneigung zur gleichen Seite
M. cremaster	M. obliquus internus abdominis, kaudal gelegene Fasern; einige Fasern des M. transversus abdominis	Hodenhüllen	R. genitalis, L1+L2, des N. genitofemoralis	Hodenhebung; Hülle des Samenstranges

Muskel	Ursprung	Ansatz	Innervation	Funktion
M. levator ani				
M. pubo-coccygeus	Arcus tendineus musculi levatoris ani; Os pubis, Innenfläche	Os coccygis; Centrum tendineum perinei	Plexus sacralis, S3+S4	Halt der Beckenorgane; hilft bei Öffnung von Vagina und Rektum
M. pubo-rectalis	Os pubis, Innenfläche	Schlingenartige Umfassung des Rektum	Plexus coccygeus, S3+S4	Zug des Rektum nach ventral; Verschluss des Rektum
M. ilio-coccygeus	Arcus tendineus musculi levatoris ani	Os coccygis	Plexus sacralis, S3+S4	Halt der Beckenorgane
M. ischio-coccygeus	Spina ischiadica, Innenfläche	Os sacrum, kaudale Seitenränder; Os coccygis	Plexus sacralis, S3+S4	Halt der Beckenorgane
M. sphincter ani externus	Dermis rund um den Anus; Centrum tendineum perinei	Dermis und Subcutis rund um den Anus; Ligamentum ano-coccygeum	N. pudendus, S2–S4	Verschluss des Anus
M. transversus perinei profundus	R. ossis ischii	Muskelplatte um die Durchtrittsöffnungen für die Urethra bzw. Urethra und Vagina	N. pudendus oder Nn. perineales oder N. dorsalis penis bzw. clitoridis, S2–S4	Sicherung des „Levator-Tors" des M. levator ani gegen Eingeweidebrüche
M. transversus perinei superficialis	Tuber ischiadicum; R. ossis ischii; M. transversus perinei profundus, obere Fasern	Centrum tendineum perinei	N. pudendus oder Nn. perineales, S2–S4	Fixierung der Raphe perinealis in der Mittellinie des Perineum
M. ischio-cavernosus	R. ossis ischii	Tunica albuginea der Corpora cavernosa clitoridis bzw. penis		Blutpressung in das Corpus cavernosum clitoridis bzw. penis
M. bulbo-spongiosus	Centrum tendineum	♀ Corpus cavernosum clitoridis; ♂ Fascia urogenitalis inferior; Penisrücken	N. pudendus, S2–S4	♀ Verengung der Vagina; ♂ Verengung der Urethra; Emmission; Blutpressung in die Glans penis

Muskulatur des Beckens

- Im weiblichen Beckenboden bildet die Muskulatur die Form einer acht. Ventral liegen Fasern um den Ausgang von Vagina und Urethra, dorsal um den Anus. Der Kreuzungspunkt liegt in der Mitte des Dammes.
- Rechter und linker M. levator ani setzen sich zu einer U-Form zusammen. Sie bilden den rechten und linken Levatorschenkel und lassen in der Mitte das **Levator-Tor** frei.

Muskel	Ursprung	Ansatz	Innervation	Funktion
M. gluteus maximus	Os sacrum, Dorsalfläche; Fascia thoracolumbalis; Ligamentum sacrotuberale; laterales Os ilium; Spina iliaca posterior superior	Kranialer Teil: Tractus iliotibialis; kaudaler Teil: Tuberositas glutea	N. gluteus inferior, L5–S2	Hüftgelenk: Extension; Außenrotation; kranialer Teil: Abduktion; kaudaler Teil: Adduktion; Becken: Kippung nach dorsal; Kniegelenk: Extension via Tractus iliotibialis
M. gluteus medius	Ala ossis ischii zwischen Linea glutea anterior und posterior	Trochanter major	N. gluteus superior, L4–S1	Hüftgelenk: Abduktion; ventraler Anteil: Innenrotation; Flexion; dorsaler Anteil: Außenrotation; Extension; Becken: Verhinderung des Absinkens auf der Spielbeinseite
M. gluteus minimus				
M. iliopsoas				
M. iliacus	Fossa iliaca; Spina iliaca inferior; Ligamentum iliolumbale; Ligamentum sacroiliacum anterius	Distal des Trochanter minor	N. femoralis, L2+L3	Hüftgelenk: Flexion; Becken: Kippung nach ventral; Lordosierung der LWS
M. psoas major	Wirbelkörper T12–L5, Seitenflächen; Processus costales L1–L5		Rr. ventrales, L2–L4	
M. sartorius	Spina iliaca anterior superior	Tibia, proximale und mediale Fläche des Pes anserinus	N. femoralis, L2+L3	Hüftgelenk: Flexion; Außenrotation; Kniegelenk: Flexion; Innenrotation
M. tensor fasciae latae	Crista iliaca, nahe der Spina iliaca anterior superior	Tractus iliotibialis, mittleres Femurdrittel	N. gluteus superior, L4+L5	Hüftgelenk: Flexion; Abduktion; Innenrotation; Becken: Verhinderung des Absinkens auf der Spielbeinseite; Kniegelenk: Extension via Tractus iliotibialis

Muskel	Ursprung	Ansatz	Innervation	Funktion
M. pectineus	Eminentia iliopubica des Os pubis	Linea pectinea femoris, distal des Trochanter major	N. femoralis, L2+L3; R. anterior des N. obturatorius, L3	Hüftgelenk: Adduktion; Außenrotation; Flexion; Extension aus max. Flexion
M. adductor longus	R. superior ossis pubis	Linea aspera; Labium mediale		Hüftgelenk: Adduktion; Außenrotation aus max. Innenrotation; Innenrotation aus max. Außenrotation; Flexion aus max. Extension; Extension aus max. Flexion
M. adductor brevis	R. inferior ossis pubis	Linea aspera, kranialer Anteil; Labium mediale	R. anterior des N. obturatorius, L2–L4	
M. adductor magnus	R. inferior ossis pubis; R. ossis ischii; Tuber ischiadicum	Ventraler Anteil: Linea aspera femoris; Dorsaler Anteil: Tuberculum adductorium	Ventraler Anteil: N. obturatorius, L2–L4; Dorsaler Anteil: N. ischiadicus, L4–S1	Hüftgelenk: Adduktion; Flexion aus max. Extension; Extension aus max. Flexion; Reduktion der Biegebeanspruchung des Femur
M. gracilis	R. inferior ossis pubis	Tibia, proximales Ende, unterhalb des Epicondylus medialis	R. anterior des N. obturatorius, L2–L4	Hüftgelenk: Adduktion; Flexion; Kniegelenk: Innenrotation; Flexion
M. piriformis	Os sacrum, Facies pelvica	Trochanter major, obere Grenze	N. ischiadicus oder direkte Äste des Plexus sacralis, L5–S2	Hüftgelenk: Außenrotation bei gestreckter Hüfte; Abduktion bei gebeugter Hüfte

INNERER ANTAGONISMUS DER GLUTEALMUSKULATUR

- Kranialer Teil des M. gluteus maximus → abduziert das Bein
- Kaudaler Teil des M. gluteus maximus → adduziert das Bein
- Ventrale Teile der Mm. gluteus medius et minimus → wirken als Innenrotator und Flexor des Hüftgelenks
- Dorsale Teile der Mm. gluteus medius et minimus → wirken als Außenrotator und Extensor des Hüftgelenks

<table>
<tr><th>Muskel</th><th>Ursprung</th><th>Ansatz</th><th>Innervation</th><th>Funktion</th></tr>
<tr><td>M. gemellus superior</td><td>Spina ischiadica</td><td rowspan="4">Fossa trochanterica</td><td>Direkte Äste des Plexus sacralis, L5–S2</td><td rowspan="5">Hüftgelenk:
Außenrotation bei gestreckter Hüfte; Abduktion bei gebeugter Hüfte</td></tr>
<tr><td>M. gemellus inferior</td><td>Tuber ischiadicum</td><td>Nn. obturatorii interni od. Nn. musculi quadrati femoris od. N. pudendus od. N. ischiadicus, L5–S2</td></tr>
<tr><td>M. obturatorius externus</td><td>Foramen obturatorium, lateraler Rand; Membrana obturatoria</td><td>R. anterior des N. obturatorium, L2–L4</td></tr>
<tr><td>M. obturatorius internus</td><td>Foramen obturatorium, mediale Fläche</td><td>N. musculi obturatorii interni, L5–S2</td></tr>
<tr><td>M. quadratus femoris</td><td>Tuber ischiadicum, lateraler Rand</td><td>Crista intertrochanterica</td><td>N. musculi quadrati femoris oder N. ischiadicus, L5–S2</td></tr>
</table>

Muskulatur im Bereich der Hüfte

- Alle Adduktoren wirken auf das Hüftgelenk gleichzeitig außenrotatorisch, weil sie an der Dorsalseite des Femur an der Linea aspera ansetzen (Ausnahme: M. adductor magnus und M. gracilis).
- Alle Muskeln, die am Pes anserinus ansetzen, wirken als Flexoren auf das Kniegelenk.
- Die beiden Anteile des M. adductor magnus begrenzen den **Adduktorenschlitz**, durch den die Vasa femoralia zur Kniekehle ziehen.
- Der M. sartorius wird in seinem gewundenen Verlauf von der Fascia lata gesichert.
- Die Adduktoren werden häufig bei sportlicher Betätigung geschädigt. Ein klassisches Beispiel ist die **Adduktorenzerrung** bei Fußballspielern.
- Bei einer Kontraktur des M. iliopsoas wird die Lendenlordose dauerhaft verstärkt. Dadurch können die Bandscheiben dieser Region geschädigt werden.
- Eine Schwäche der kleinen Glutealmuskeln führt beim Laufen zum Absinken des Beckens auf der Spielbeinseite. In Folge dessen muss das Spielbein in Hüft- und Kniegelenk stärker gebeugt werden (**Trendelenburg-Zeichen**).

Muskel	Ursprung	Ansatz	Innervation	Funktion
M. quadriceps femoris				
M. rectus femoris	Caput rectum: Spina iliaca anterior inferior; Caput reflexum: Sulcus supraacetabularis			Hüftgelenk: Flexion; Becken: Kippung nach ventral; Kniegelenk: Extension
M. vastus medialis	Labium mediale der Linea aspera; Linea intertrochanterica; Sehnen der Mm. adductor magnus et longus	Tuberositas tibiae via Ligamentum patellae	N. femoralis, L2–L4	Kniegelenk: Extension; Innenrotation bei gebeugtem Knie
M. vastus intermedius	Femurschaft, ventrale obere zwei Drittel; Linea intertrochanterica			Kniegelenk: Extension
M. vastus lateralis	Linea aspera femoris; Labium laterale; basaler Trochanter major			Kniegelenk: Extension; Außenrotation bei gebeugtem Knie
M. biceps femoris	Caput longum: Tuber ischiadicum; Ligamentum sacrotuberale; Caput breve: Linea aspera; Septum intermusculare laterale	Caput fibulae, laterale Fläche; Condylus lateralis tibiae	Caput longum: tibialer Anteil des N. ischiadicus, L5–S2; Caput breve: N. peroneus communis, L5–S2	Hüftgelenk: Caput longum: Extension; Außenrotation; Kniegelenk: Außenrotation; Flexion; Becken: Kippung nach dorsal
M. semimembranosus	Tuber ischiadicum, proximal und lateral des Caput commune	Condylus medialis tibiae, posteromedialer Teil	Tibialer Anteil des N. ischiadicus, L5–S2	Hüftgelenk: Extension; Kniegelenk: Flexion; Innenrotation; Becken: Kippung nach dorsal
M. semitendinosus	Tuber ischiadicum, eine gemeinsame Sehne (Caput commune) mit dem Caput longum des M. biceps femoris	Tuberositas tibiae via Pes anserinus		Hüftgelenk: Extension; Kniegelenk: Innenrotation; Flexion; Becken: Kippung nach dorsal
M. popliteus	Condylus lateralis femoris; Meniscus lateralis; Ligamentum arcuatum	Tibia, Dorsalfläche des proximalen Drittels	N. tibialis, L5–S1	Kniegelenk: Innenrotation; Flexion

M

Muskulatur im Kniebereich

- Alle Muskeln, die eine Flexion im Kniegelenk bewirken, finden ihren Ursprung im Tuber ischiadicum.
- Alle Kniegelenksflexoren bewirken eine Extension im Hüftgelenk.
- Der M. quadriceps femoris ist der wichtigste Strecker des Kniegelenks.

Muskel	Ursprung	Ansatz	Innervation	Funktion
M. triceps surae				
M. gastrocnemius	Condylus medialis et lateralis femoris	Tuber calcanei, kraniale und mediale Anteile	N. tibialis, S1+S2	Kniegelenk, oberes Sprunggelenk: Flexion; Unteres Sprunggelenk: Supination (Inversion; Flexion)
M. plantaris	Facies poplitea; Epicondylus lateralis femoris			Offenhalten der Vasa tibialia posterior um muskuläre Verbindung zum Bindegewebe der Kniekehle zu sichern
M. soleus	Fibula, dorsales proximales Drittel; Tibia, mittleres Drittel; Arcus tendineus musculi solei			Oberes Sprunggelenk: Flexion; Unteres Sprunggelenk: Supination (Inversion; Flexion)
M. tibialis posterior	Facies posterior tibiae, proximale zwei Drittel; Facies medialis fibulae, proximale zwei Drittel; Membrana interossea cruris	Os naviculare; Ossa cuneiforma; Os cuboideum; Ossa metatarsalia II–IV	N. tibialis, L5–S1	
M. tibialis anterior	Condylus lateralis tibiae; Tibia, proximale laterale Hälfte; Membrana interossea cruris; Fascia cruris; Septum intermusculare laterale	Os cuneiforme mediale; Os metatarsi I, Basis	N. peroneus profundus, L4+L5	Oberes Sprunggelenk: Extension; Unteres Sprunggelenk: Supination (Inversion; Flexion)
M. peroneus longus	Condylus lateralis tibiae; Fibula, proximale zwei Drittel; Septum intermusculare laterale		N. peroneus profundus, L5–S1	Oberes Sprunggelenk: Flexion; Unteres Sprunggelenk: Pronation (Eversion; Extension)
M. peroneus brevis	Fibula, distale zwei Drittel; Septa intermuscularia cruris	Tuberositas des Os metatarsi V	N. peroneus superficialis, S1	
M. peroneus tertius (inkonstant)	Fibula, distales Drittel; Membrana interossea cruris	Os metatarsi V, Dorsalseite der Basis	N. peroneus profundus, L5–S1	Oberes Sprunggelenk: Extension; Unteres Sprunggelenk: Pronation (Eversion; Extension)

Muskel	Ursprung	Ansatz	Innervation	Funktion
M. extensor hallucis brevis	Kalkaneus, dorsolaterale Fläche; Sinus tarsi	Digitus pedis I, Phalanx proximalis	N. peroneus profundus, L5–S1	Großzehengrundgelenk: Extension
M. extensor hallucis longus	Fibula, mittleres Drittel der Ventralfläche; Membrana interossea cruris	Digitus pedis I, Dorsalfläche der Phalanx distalis		Sprunggelenke, Grund- und Endgelenk der Großzehe: Extension
M. extensor digitorum brevis	Kalkaneus, obere laterale Fläche	Dorsalaponeurose digiti pedis II–IV		Grund- und Endgelenke der Zehen II–IV: Extension
M. extensor digitorum longus	Epicondylus lateralis tibiae; Fibula, proximale Dreiviertel der Ventralfläche; Membrana interossea cruris; Fascia cruris; Septum intermusculare anterior	Dorsalaponeurose digiti pedis II–V via vier Sehnen		Oberes Sprunggelenk, Grund- und Endgelenke der Zehen II–V: Extension; Unteres Sprunggelenk: Pronation (Eversion; Extension)
M. flexor hallucis brevis	Caput mediale et laterale: Ossa cuneiforma, Plantarseite; Ligamentum calcaneocuboideum plantare; Ligamentum plantare longum; Sehne des M. tibialis posterior	Caput mediale: Digitus pedis I, Basis der Phalanx proximalis, mediales Sesambein; Caput laterale: Digitus pedis I, Basis der Phalanx proximalis, laterales Sesambein	Caput mediale: N. plantaris medialis, S1–S3; Caput laterale: N. plantaris lateralis, S1–S3;	Großzehengrundgelenk: Flexion
M. flexor hallucis longus	Fibula, distale zwei Drittel der Dorsalfläche; Membrana interossea cruris	Digitus pedis I, Phalanx distalis	N. tibialis, L5–S2	Oberes Sprunggelenk, Grund- und Endgelenk der Großzehe: Flexion; Unteres Sprunggelenk: Supination
M. flexor digitorum brevis	Tuber calcanei, Plantarseite; Plantaraponeurose	Phalanx media digiti pedis II–V	N. plantaris medialis, S1+S2	Grund- und Endgelenke der Zehen II–V: Flexion
M. flexor digitorum longus	Tibia, Dorsalfläche	Phalanx distalis digiti pedis II–V	N. tibialis, L5–S2	Oberes Sprunggelenk, Grund- und Endgelenk der Großzehe: Flexion; Unteres Sprunggelenk: Supination
M. quadratus plantae	Kalkaneus, Plantarseite; Ligamentum plantare longum	M. flexor digitorum longus, Lateralrand, vor Auffächerung in die Endsehnen	N. plantaris lateralis, S2+S3	Grund- und Endgelenke der Zehen II–V: Flexion

M

Muskel	Ursprung	Ansatz	Innervation	Funktion
M. flexor digiti minimi brevis	Os metatarsi V, Basis; Ligamentum plantare longum; M. fibularis longus, Sehnenscheide	Phalanx proximalis digiti minimi	N. plantaris lateralis, S2+S3	Kleinzehengrundgelenk: Flexion; Abduktion
Mm. interossei dorsales pedis I–IV	jeweils zweiköpfig von zwei jeweils gegenüberliegenden Ossa metatarsalia II–IV	Seitenfläche der Phalanx proximalis digiti pedis II–IV; fibulare Seite Zehe II–IV, tibiale Seite Zehe II		Zehengrundgelenke II–IV: Flexion; Zehengrundgelenke III+V: Flexion; Abduktion
M. abductor hallucis	Tuber calcanei, medialer Anteil; Plantaraponeurose	Phalanx proximalis digitus pedis I	N. plantaris medialis, S1+S2	Großzehengrundgelenk: Abduktion; Flexion
M. abductor digiti minimi	Processus lateralis des Tuber calcanei und angrenzende Faszien	Phalanx proximalis digiti minimi, laterale Fläche		Kleinzehengrundgelenk: Flexion; Abduktion
M. adductor hallucis	Caput obliquum: Os cuboideum; Os cuneiforme laterale; Ligamentum calcaneocuboideum plantare; Ligamentum plantare longum; Caput transversum: Kapseln der Articulationes metatarsophalangeae III+IV; Ligamentum metatarsale transversum profundum	Phalanx proximalis et fibularis; Sesambein, Digitus pedis I	N. plantaris lateralis, S2+S3	Großzehengrundgelenk: Adduktion; Flexion
Mm. interossei plantares I–III	Ossa metatarsalia III–V, Basis und mediale Anteile	Phalanx proximalis digiti pedis III–V, mediale Anteile		Zehengrundgelenke III–V: Flexion; Adduktion
Mm. lumbricales pedis I–IV	Sehnen des M. flexor digitorum longus	Phalanx proximalis digiti pedis II–V; Dorsalaponeurose digiti pedis II–V	M. lumbricalis pedis I: N. plantaris medialis, S1+S2; Mm. lumbricales pedis II–IV: N. plantaris lateralis, S2+S3	Zehengrundgelenke II–V: Flexion

Muskulatur im Bereich der Zehen

- Alle Muskeln des Großzehenballens wirken auf das Großzehengrundgelenk als Plantarflexoren und werden von den Endästen des N. tibialis innerviert.
- Die Nummerierung der Muskeln stimmt nicht mit der der Zehen, an denen sie ansetzen, überein (Pendant zu Fingermuskulatur, s. Merkkasten S. 145).

Öffnung	Lokalisation	Mündet in	Inhalt
Schädelbasis			
Öffnungen der Fossa cranii anterior			
Lamina cribrosa	Os ethmoidale	Nasenhöhle	Fila olfactoria (HN I); A. et N. ethmoidalis anterior
Öffnungen der Fossa cranii media			
Canalis opticus	Os sphenoidale		HN II; A. ophthalmica
Fissura orbitalis superior	Zwischen Ala major und Ala minor ossis sphenoidalis	Orbita	HN III; HN IV; N. ophthalmicus (HN V_1); V. ophthalmica superior
Foramen rotundum		Fossa pterygopalatina	N. maxillaris (HN V_2)
Foramen lacerum	Ala major ossis sphenoidalis	Canalis pterygoideus	N. petrosus major; N. petrosus minor
Foramen ovale			N. mandibularis (HN V_3); A. meningea accessoria
Foramen spinosum	Zwischen Ala major ossis sphenoidalis und Pars petrosa ossis temporalis	Fossa infratemporalis	A. meningea media; R. meningeus n. mandibularis (HN V_3)
Öffnungen der Fossa cranii posterior			
Porus (Meatus) acusticus internus	Pars petrosa ossis temporalis	Innenohr	HN VII; HN VIII; A. et V. labyrinthi
Apertura canaliculi vestibuli	Lateral des Porus acusticus internus		Ductus endolymphaticus
Foramen jugulare	Zwischen Pars petrosa ossis temporalis und Pars lateralis ossis occipitalis	Fossa jugularis	HN IX; HN X; HN XI; Sinus petrosus inferior; V. jugularis interna
Foramen mastoideum	Pars petrosa ossis temporalis	Meatus acusticus externus	V. emissaria mastoidea
Foramen magnum	Os occipitale	Rückenmarkskanal	Medulla oblongata; Meningen; HN XI; Plexus venosus vertebralis; Radix spinalis nervi accessorii; Aa. vertebrales et spinales
Canalis nervi hypoglossi	Basis der Kondylen	Äußere Schädelbasis	HN XII
Canalis condylaris	Os occipitale	Fossa condylaris	V. emissaria condylaris

Öffnung	Lokalisation	Mündet in	Inhalt
Wirbelsäule			
Öffnungen der Wirbelsäule			
Foramen intervertebrale	Zwischen den Wirbelkörpern	Peripherie; Rückenmark; Zielgebiete der Spinalnerven	A. et V. spinalis; Spinalganglion und -nerven
Foramen transversarium	Pediculus arcus vertebrae		A. et V. vertebralis, C1–C6
Foramen vertebrale	Hinter Corpus vertebrae	Canalis vertebralis	Rückenmarksstrukturen
Weitere Öffnungen und Strukturen			
Canalis inguinalis	Zwischen innerem und äußerem Leistenring		Ductus deferens/ Ligamentum teres uteri; Aa. et Vv. testicularis, cremasterica et ductus deferentis; N. ilioinguinalis; R. genitalis n. genitofemoralis, vegetative Nervenfasern; Lymphgefäße; Fasciae spermatica interna et cremasterica
Canalis pudendalis (Alcock-Kanal)	Laterale Wand des Canalis ischioanalis		N. pudendus; Vasa pudenda interna
Foramen ischiadicum majus (durch M. piriformis unterteilt in Foramen suprapiriforme et infrapiriforme)	Begrenzung durch Incisura ischiadica major, Os sacrum, Ligg. sacrotuberale et sacrospinale		Aa. et Vv. gluteae superiores; N. gluteus superior; N. ischiadicus; A. comitans n. ischiadici; Aa. et Vv. gluteae inferiores; N. gluteus inferior; N. cutaneus femoris posterior; N. pudendus; Aa.et V. pudenda interna; Rr. musculares aus Plexus sacralis
Foramen ischiadicum minus	Zwischen Incisura ischiadica minor, Ligg. sacrospinale et sacrotuberale		M. obturatorius internus; A. et V. pudenda interna; N. pudendus
Bursa omentalis (Netzbeutel)	Spaltförmiger Nebenraum der Bauchhöhle hinter Magen und Omentum minus	Grenzen, ventral: Omentum minus, hintere Magenwand; Dorsal: Peritoneum; Kranial: Diaphragma, Lig. gastrophrenicum; Kaudal: Colon transversum, Lig. gastrocolicum, Mesocolon transversum; Dexter: Lig. coronarium; Sinister: Lien, Lig. gastrosplenicum, Lig. lienorenale	
Foramen epiploicum (Winslowi)	Zugang zur Bursa omentalis	Grenzen, dorsal: V. cava inferior; Kranial: Leber; Kaudal: Pars superior duodeni	

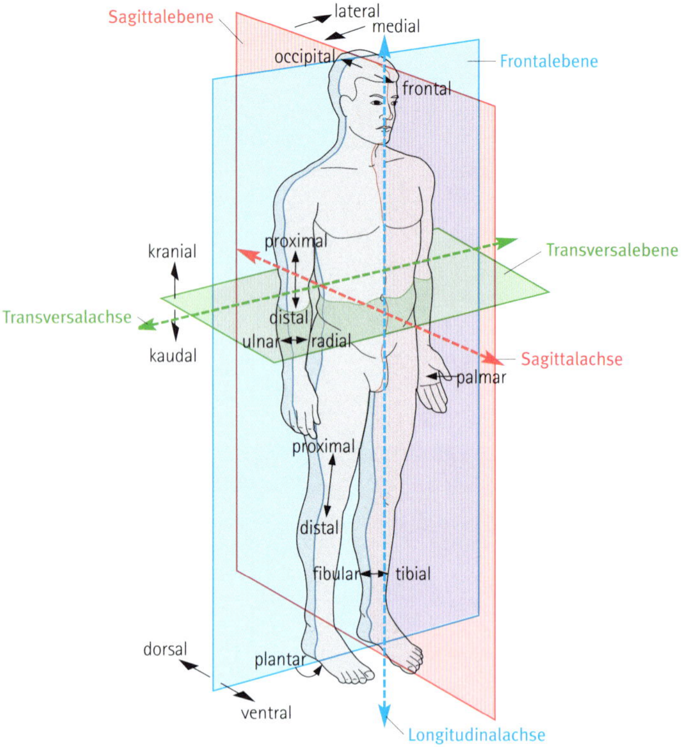

- Die **Neutralnullstellung** bezeichnet die Haltung des aufrechten menschlichen Körpers mit herabhängenden Armen und nach vorne zeigenden Daumen.

Anatomische Richtungsbezeichnungen	
Achse	Ebene
Longitudinalachse	Frontalebene
Transversalachse	Transversalebene
Sagittalachse	Sagittalebene, Mediosagittalebene

Latein	Deutsch
anterior	Weiter vorne liegend
caudal	Unterhalb; in Richtung Steißbeinende
cranial	Oberhalb; kopfwärts
dexter	Rechts, rechte Seite des Patienten
distal	Rumpffern
dorsal	Zur Körperrückseite hin
fibular	Zur Fibula hin
inferior	Weiter unten liegend
lateral	Seitlich
medial	Zur Mitte hin
palmar	Zur Handfläche gehörend
plantar	Zur Fußsohle gehörend
posterior	Weiter hinten liegend
profundus	Tiefer liegend
proximal	Rumpfnah
radial	In Richtung Radius
sinister	Links, linke Seite des Patienten
superficial	Oberflächlicher liegend
superior	Weiter oben liegend
tibial	In Richtung Tibia
ulnar	In Richtung Ulna
ventral	Zur Körpervorderseite hin
Richtungsbezeichnungen am Kopf	
basal	In Richtung Schädelbasis
frontal	Stirnwärts
occipital	In Richtung Hinterkopf
parietal	Scheitelwärts
temporal	Schläfenwärts
Bewegungsrichtungen	
Abduktion	Anheben nach lateral
Adduktion	Absenken nach medial
Anteversion	Anheben nach ventral
Extension	Streckung
Flexion	Beugung
Pronation	Hand: Drehen des Daumens nach lateral; Fuß: Heben des medialen Randes
Retroversion	Anheben nach dorsal
Rotation	Drehung
Supination	Hand: Drehen des Daumens nach medial; Fuß: Heben des lateralen Randes

Acker, Herbert: Muskeltabellen des Bewegungsapparates. Herbert Acker Verlag, Konstanz 1992

Benninghoff, Alfred: Lehrbuch der Anatomie. Makroskopische Anatomie, Embryologie und Histologie des Menschen, Bd. 1: Zellenlehre und Gewebelehre, Entwicklungsbiologie, Bewegungsapparat, Herz-Kreislauf-System, Immunsystem, Atemapparat. 16. Auflage. Urban & Fischer Verlag, München, Wien, Baltimore 2002

Benninghoff, Alfred: Lehrbuch der Anatomie. Makroskopische Anatomie, Embryologie und Histologie des Menschen, Bd. 2: Niere, Reproduktionsorgane, endokrine Drüsen, Nervensystem, Sinnesorgane, Haut. 15. neubearbeitete Auflage. Urban & Fischer Verlag, München, Wien, Baltimore 1994

Eder, Max/Gedigk, Peter (Hrsg.): Allgemeine Pathologie und pathologische Anatomie. 33. neubearbeitete und erweiterte Auflage. Springer Verlag, Heidelberg 1990

Eggers, Reinhard/Martin, Ursula/ Reimann, Susanne: Gelenke, Muskeln, Nerven. 2. überarbeitete Auflage. Urban & Fischer Verlag 2002

Földi, Michael/Kubik, Stefan: Lehrbuch der Lymphologie für Mediziner, Masseure und Physiotherapeuten. 5. überarbeitete Auflage. Urban & Fischer Verlag, München, Jena 2002

Frick, Hans/Leonhardt, Helmut/Starck, Dietrich et al.: Allgemeine Anatomie. Spezielle Anatomie. Bd. 1: Extremitäten, Rumpfwand, Kopf, Hals. 4. überarbeitete Auflage. Thieme Verlag, Stuttgart, New York 1992

Frick, Hans/Leonhardt, Helmut/Starck, Dietrich et al.: Spezielle Anatomie. Bd. 2: Eingeweide, Nervensystem, Systematik der Muskeln und Leitungsbahnen. 4. überarbeitete Auflage. Thieme Verlag, Stuttgart, New York 1992

Fritsch, Helga/Kühnel, Wolfgang: Taschenatlas der Anatomie für Studium und Praxis, Bd. 2: Innere Organe. 8. korrigierte Auflage. Thieme Verlag, Stuttgart, New York 2003

Golenhofen, Klaus: Physiologie heute. Lehrbuch, Kompendium, Fragen und Antworten. Urban & Fischer Verlag, München, Wien, Baltimore 2000

Hofer, Matthias (Hrsg.): Der Triple-M. Markante Merkhilfen für Mediziner. Bd. 1: Vorklinik. Matthias Hofer Verlag Didamed, Düsseldorf 2003

Kahle, Werner: Taschenatlas der Anatomie für Studium und Praxis, Bd. 3: Nervensystem und Sinnesorgane. 8. korrigierte Auflage. Thieme Verlag, Stuttgart, New York 2002

Klinke, Rainer/Silbernagl, Stefan (Hrsg.): Lehrbuch der Physiologie. 4. überarbeitete Auflage. Thieme Verlag, Stuttgart, New York 2003

Lippert, Herbert: Lehrbuch Anatomie. 5. überarbeitete Auflage. Urban & Fischer Verlag, München, Jena 2000

Moll, K. J. und M.: Kurzlehrbuch Anatomie. 16. Auflage. Urban & Fischer Verlag, München, Jena 2000

Netter, Frank H.: Atlas der Anatomie des Menschen. 2. Auflage. Thieme Verlag, Stuttgart, New York 2000

Oberholzer, Martin J.: Pathologie verstehen. Molekulare Grundlagen der allgemeinen Pathologie. Thieme Verlag, Stuttgart, New York 2001

Platzer, Werner: Taschenatlas der Anatomie für Studium und Praxis, Bd. 1: Bewegungsapparat. 8. korrigierte Auflage. Thieme Verlag, Stuttgart, New York 2003

Purves, Dale et. al. (Hrsg.): Neuroscience. 2. Auflage. Sinauer Associates Inc., o. A. 1997

Putz, R./Pabst, R. (Hrsg.): Sobotta. Atlas der Anatomie des Menschen. Bd. 1: Kopf, Hals, obere Extremität. 21. Auflage. Urban & Fischer Verlag, München, Jena 2000

Putz, R./Pabst, R. (Hrsg.): Sobotta. Atlas der Anatomie des Menschen. Bd. 2: Rumpf, Eingeweide, untere Extremität. 21. Auflage. Urban & Fischer Verlag, München, Jena 2000

Rohen, Johannes W./Yokochi, Chihiro: Anatomie des Menschen. Photographischer Atlas der systematischen und topographischen Anatomie. 3. Auflage. Schattauer Verlag, Stuttgart, New York 1993

Rohen, Johannes W.: Topographische Anatomie. Lehrbuch mit besonderer Berücksichtigung der klinischen Aspekte und der bildgebenden Verfahren. 10. überarbeitete Auflage. Schattauer Verlag, Stuttgart, New York 2000

Rohen, Johannes W.: Funktionelle Neuroanatomie. Lehrbuch und Atlas. 6. neubearbeitete und erweiterte Auflage. Schattauer Verlag, Stuttgart, New York 2001

Schiebler, Theodor/Schmidt, Walter (Hrsg.): Anatomie: Zytologie, Histologie, Entwicklungsgeschichte, makroskopische und mikroskopische Anatomie des Menschen. 8. überarbeitete Auflage. Springer Verlag, Heidelberg 2002

Schmidt, Robert F./Thews, Gerhard/Lang, Florian: Physiologie des Menschen. 28. korrigierte und aktualisierte Auflage. Springer Verlag, Berlin 2002

Schwegler, Johann S.: Der Mensch – Anatomie und Physiologie. Schritt für Schritt Zusammenhänge verstehen. 2. neubearbeitete Auflage. Thieme Verlag, Stuttgart, New York 1998

Silbernagl, Stefan/Despopoulos, Agamemnon: Taschenatlas der Physiologie. 6. überarbeitete Auflage. Thieme Verlag, Stuttgart, New York 2003

Thiel, W.: Photographischer Atlas der Praktischen Anatomie. 2. überarbeitete Auflage. Springer Verlag, Heidelberg 2003

Tittel, Kurt: Beschreibende und funktionelle Anatomie des Menschen. 13. überarbeitete und erweiterte Auflage. Urban & Fischer Verlag, München, Jena 2000

Valerius, Klaus-Peter et al.: Das Muskelbuch. Funktionelle Darstellung der Muskeln des Bewegungsapparates. Hippokrates Verlag, Stuttgart 2002

Valerius, Klaus-Peter: Lehmanns Powerpockets. Fotoatlas Anatomie. Mit DVD zum Präparierkurs. 1. Auflage. KVM-Verlag, Marburg 2003

Waldeyer, Anton: Anatomie des Menschen. 13. überarbeitete Auflage. De Gruyter Verlag, Berlin 2003

Whitaker, Robert H./Borley, Neil R.: Anatomiekompaß. Taschenatlas der anatomischen Leitungsbahnen. Thieme Verlag, Stuttgart, New York 1993

I

I